白桦倒木上长出了韧革菌科韧革菌属（*Stereum*）蘑菇

□ 简朴的叶子爬在白桦树上

青山草木

万科松花湖度假区野生植物

刘华杰——著

中国科学技术出版社

· 北京 ·

《青山草木》用大量精彩照片介绍了吉林大青山的植物，为大众鉴定此山的维管植物提供了工具书。本书在植物学普及方面做出了重要贡献，也为大青山植物区系研究提供了基础资料。

——王文采（中国科学院院士、植物分类学家）

我和华杰因草木和冰雪成为朋友，他也是我们万科植物馆项目的顾问。华杰用一整年的时间深入考察吉林松花湖大青山，实地拍摄了大量植物照片，这部《青山草木》既是对中国飞速发展的滑雪度假事业的具体支持也是一种善意的监督，提醒公众尊重自然，保护生物多样性。欢迎朋友们来万科松花湖度假区滑雪、观赏植物！

——丁长峰（万科集团高级副总裁，2019 北京世园会万科植物馆馆长）

刘华杰的博物学新作《青山草木》介绍了万科松花湖滑雪场所在大青山景区的植物。此书用精美的图文展现了大青山春花、夏叶、秋实、冬雪的四季景观，以及当地常见的花草树木，其中既有鲜活的植物原生境照片，又有压制精良的标本图像，在细节方面，如乔木的树皮特征、草本植物的幼叶、菊科植物的总苞片、果实开裂的状态、蕨类的孢子囊群等都有丰富的展现。难能可贵的是，在分类系统排列上，本书采用了植物系统学界最新的 PPG I 系统（用于石松类和蕨类植物）和 APG IV 系统（用于被子植物），同时为了方便读者查阅，还标注了传统分类系统所属的科。我强烈推荐这部集科学、科普、艺术和观赏为一体的佳作！

——刘冰（中国科学院植物研究所植物分类专家）

目　录

桔梗科羊乳的根

您很优秀，因为您对植物感兴趣。

植物增添了山川的色彩，也成就了大地上的文明。

大青山是国家 4A 级景区，考虑到他人也需要这里的植物，

请不要在这里采野菜、挖药材、折草木。

至于野果，可以如博物学家梭罗所言，在野地里适当品尝。

前提是，您分辨得一清二楚。

雪和花

"北国风光，千里冰封，万里雪飘"。冬季来到吉林松花湖，登上大青山（也称青山），确实能体察词中的景象：松花湖的湖面长达180千米，厚实的冰层上重型卡车可以自如通行；四周山峦银装素裹，雾凇和白雪令东北大地分外妖娆。"桦屋鱼衣柳作城"（纳兰性德）的时代早已过去，但欣赏树木、赞美大地对我们来说永远不过时。

松花湖景区四季皆美，"江城放眼遍琼花"（蓝春雨）。来这里度假，可滑雪，也可赏花；一季滑雪，三季观花。植物开花，雪花亦为"花"，于是四季有"花"。绿水青山、冰天雪地，都是无价之宝。人类可以合理利用大自然，但不可亵渎、糟蹋大自然。

到了万科松花湖滑雪度假区，也就到了大青山。万科松花湖滑雪度假区在大青山的北麓，吉林市城区南部之丰满区。

中国的滑雪场大致分三类：旅游体验型、城郊学习型和目的地度假型。吉林万科松花湖、北大壶和万达长白山，黑龙江亚布力，河北崇礼万龙和云顶，属于最后一类，也是最专业的一类。吉林万科松花湖滑雪场具有优良的自然环境和先进的设备（脱挂式高速缆车数量居全国滑雪场之首），2016—2017年雪季共接待30万人次。这类滑雪场在非雪季的度假功能也将一点一滴展现出来。

大青山的雪与花。左图：万科松花湖滑雪场，2016年12月16日；右图：罂粟科齿瓣延胡索。2017年4月30日。

吉林以雾凇出名，在大青山顶部"山顶公园"可以观赏木樨科（木犀科）暴马丁香树枝上的雾凇。"谁说凇花不是花"（史建平）。

"吉林ONE"的北侧露台，滑雪或观花者都可在此歇脚。万科松花湖滑雪场A索道和G索道的上端就是大青山的顶部，海拔900余米，"森之舞台""270°观景平台""吉林ONE"等都在附近。大青山北侧风光尽收眼底，在此也可看到吉林市区和松花湖水面。

4月下旬，大青山林下地被
植物依次绽放，这是毛茛科
多被银莲花。

本书只描写一座山上的植物，此山就是大青山（也称小屯山或青山），海拔935米，山的北侧不远处有一个村庄叫青山村。书名《青山草木》中的"青山"是实指。

万科松花湖滑雪度假区处于青山景区中。若以著名的吉林松花湖为中心来看，它在松花湖风景区的西北部。作为人工湖的松花湖（也称丰满水库，1937年建坝）位于松花江的上游，向上（向南）延伸至抚松县，源头可以追溯到长白山天池！

大青山北为吉林市区，西为永吉县城，东北为丰满水库大坝，西南有北大壶滑雪场。

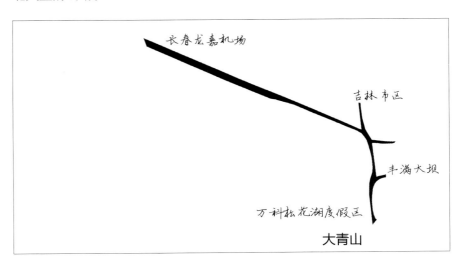

万科松花湖度假区大青山交通示意图。

○ 大青山位于吉林市区正南偏东一点。站在吉林市北山公园的平安钟楼上，用肉眼就可以看到大青山的雪道。驾车前往吉林北山23千米。

○ 大青山位于松花湖之西北，在松花湖上乘坐去五虎岛的观光船，行驶到距大坝不远处湖中小岛时，可以清晰地识别出大青山。驾车前往丰满水库大坝10千米。

○ 大青山位于吉林省永吉县之东。驾车前往永吉县城14千米。

○ 大青山在北大壶滑雪场的北偏东一点。驾车前往北大壶滑雪场54千米。

○ 大青山在长春龙嘉机场东南。驾车前往龙嘉机场106千米，前往长春市区131千米。从北京、上海、广州来大青山，最快捷的方式是乘飞机到长春龙嘉机场，滑雪季有班车往返机场与大青山（万科松花湖度假区）。

大青山东西大约 3.2 千米、南北大约 3.0 千米，面积大约 9 平方千米。从北向南实地勘测，大青山的山脊呈三出叶脉状，也可说很像三趾恐龙的一只大脚，中趾虽长，但中间隆起并不很高。一趾指西，对应于滑雪场 C 索道和 D 索道一侧；一趾指北，对应于 A 索道顶端到索道中站，再到水库东梁、光皮岭、佛手砬子一线；第三趾指东，对应于 G 索道南侧的山岭，目前还没有开发。

本书收录的植物照片，主要是围绕滑雪场各条雪道及附近的森林拍摄的。

几条主要索道长度分别为：A 索道 2469 米，B 索道 754 米，C 索道 1466 米，D 索道 1399 米，F 索道 986 米，G 索道 1695 米。雪道和索道分布详见本书第 7 页大青山雪道图。

滑雪场大量雪道的建设，改变了原有森林空气的流动格局。一些高大树木被毁，但也为一些低矮的草本植物的生长开辟了空间。关键是，不要因雪道的开辟，而导致水土流失。在引种植物时，宜尽可能使用本土种，如白花马蔺之类。尽可能不引种黑心金光菊、秋英，更要防止豚草等外来种乘虚而入。白车轴草（*Trifolium repens*）可以用于平缓的下部雪场，不宜种在陡坡上，因为它的根较浅。

大青山雪道图。大写字母为索道高端，小写字母为索道低端，比如 Aa 表示整条 A 索道。M 点为 A 索道的中站。图中 A 和 G 点海拔最高，F 点是鞍点，D 和 C 为西侧高点。北侧的 cab 附近有万科滑雪服务中心、王子酒店、青山公寓和青山客栈。东侧一个三角区为雪场的小水库。注：此图上北下南、右东左西。

在县道 X030 由北向南，过了
丰满区的腰屯，向右前方（西
南方向）望大青山的雪道。

上图：早春的大青山。在滑雪场的西武王子酒店外面向南望。下图：冬季在王子酒店内部向南望。

上图：松花湖滑雪场Ａ索道
上半段。由南朝北向下看。
下图：日本青少年在松花湖
滑雪场训练。

大青山的雪与雾凇。

雪道边上的白桦林，"愿求冰雪不消融"（傅丹枫）。

"山顶公园"附近的雾凇，植物为春榆（榆科）。

从"山顶公园"向北看附近的"吉林ONE"

上图为春季远眺（焦距24mm）；下图为夏季索道景观（焦距105mm）。在图片中看好像此索道上端点（G点）距松花湖中的那个小岛非常近，实际上它们之间水平直线距离（从地图上测量）为8540米。

"森之舞台"及大青山东侧的
竞赛区雪道。进入"森之舞
台"，沿楼梯上到二层，有一
极好的有顶的观景平台。北
侧有木板台阶可供坐下休息。
夏季观花，这里是避雨的好
地方。

"山顶公园"。这里有供儿童游玩的木板吊桥。在附近欣赏野生植物也不错。找一找，在附近你可以发现槲寄生和水榆花楸这两种特色植物。注意，眼睛要向上瞧。

白桦与蒙古栎。此照片是雪道上由南向北拍摄的。丰满水库大坝就在右后方（东北部）。

红松的球果，特点是长在树的最顶端。

齿瓣延胡索（罂粟科）。

东北蹄盖蕨未展开的嫩叶，
别名猴腿儿。

软枣猕猴桃的大藤子。

林中笔直的辽椴（锦葵科）。

岩墙的西南侧下部已经不属于度假区；东北侧靠近山脊处有一条幽静的步道，非常适合观赏植物。我第一次来到这里时，步道还未成形，在密林中突然听到念经的声音！仔细辨认，声音来自上方，是一种小小的电子设备播放出来的。

大青山西侧火神庙（C 索道的上端）处的岩墙。

对刚长出的幼苗，怎么知道它是百合属的某一个种？看多了就自然知道了，而且可以百分百确定。毛百合的茎上有棱。有棱就一定是它吗？在特定的范围内，在松花湖大青山这里，可以这样说。还不确信的话，可以挖出地下的鳞茎瞧一眼，毛百合的鳞茎片细小、数量多。如果还是不信，可以等到开花时再按植物志鉴定！这一小片毛百合一共有多少株？少说也有几百株。但不会都有机会开花。

毛百合的幼苗。

夏季的松花湖景区。

朝鲜白头翁（毛茛科）。

侧金盏花（毛茛科）。

红毛七（小檗科）和北重楼（藜芦科）。

荷青花（罂粟科）。

卫矛的种子。

大青山上的蒙古栎树林。

草芍药（芍药科）。

细齿南星（天南星科）的果序。

大青山：东北林地的缩影

东北山区植被的突出特征是在平均海拔不算高的地方生长着大片森林，林地内生物多样性保持完整，生态优良。

万科松花湖滑雪度假区内的大青山占地不过9平方千米，但身处这样一块小区域内，就可以具体感受整个东北地区植物的非凡气象、风貌。这样一座山，差不多浓缩了东北植物的精华。可贵的是，它距市区很近，交通便利。

东北植物的物种多样性当然不能跟四川、云南、西藏比，但也有自己的强项。在早春观赏地被植物，没有哪个地方能跟东北相比。在大青山，出了西武王子酒店向南不到100米。蹲下身来，几乎不用特别移动，在10平方米的范围内就可以欣赏多被银莲花、平贝母、荷青花、顶冰花、侧金盏花、单花韭等。对于爱花人，可以想象这是一种什么样的感觉！即使老年人也可以步行前来观看。而在北京要看侧金盏花属植物简直太难了，只有在延庆几座山的山顶上才有少量辽吉侧金盏花。体力不好根本爬不到山上，信息不灵爬上去也根本找不到。五福花在北京喇叭沟门村庄边的小溪也能看到，但规模和气势没法跟大青山相比。去青藏高原当然可以欣赏特别的野花，但身体条件一定要过硬才行。可以预见，会有越来越多的人专程到东北看花。

东北早春地被植物已经引起北京、上海、广州植物爱好者的注意，近几年有不少人在周末乘飞机专程到抚松、白山、通化赏野花，经常在长春转机，却没有到附近的大青山来。现在我可以正式推荐，到吉林松花湖大青山看植物也是不错的选择。作为植物爱好者，值得在大青山停留下来，用两三天时间上山看植物，东北相当一批美艳植物都可欣赏到。在这里住宿也变得越来越方便，可住吉林市区，也可在大青山脚下的青山公寓、王子酒店下榻。看完大青山的植物，可以顺便经永吉去北大壶滑雪场看看。如果有车，再向南可把抚松、通化等地自然、人文景观一并考察，收获一定巨大。

普通读者在大青山能看到哪些植物呢？

4月下旬至5月初，在大青山滑雪场周边能轻松看到笔龙胆、侧金盏花、平贝母、荷青花、山茄子、五福花、多被银莲花、单花鸢尾、兴安白头翁、朝鲜白头翁、汉城细辛、齿瓣延胡索、菫叶延胡索、珠果黄菫、顶冰花、三花顶冰花、深山毛茛、红花变豆菜、草芍药等非常棒的野花。以上列出的，大多是长得矮小、容易被人忽视的小生命。它们生长在林下，等树木的叶子长出来，大部分就"消失"了。但并没有死亡，下一年它们会准时再次开花。也就是说，一年当中，它们只分享一小段时间的阳光。其实不用列出这么多，仅仅列出多被银莲花、侧金盏花这两种，就足以说明问题。它们很别致，这里不特别说明了；在山坡上它们每一种数量都非常大，真的令人兴奋，让人生出敬畏之情。这时候还能看到大量（数以 10 万计）的东北百合、毛百合的幼苗，虽然远未到开花的时节，它们却显现着勃勃生机。在全国其他地方百合的密度不可能这样大。这两种百合，等到夏天才能开花。严格讲 90% 以上因得不到足够的光照而无法开花。同样，它们没有死掉，地下的鳞茎还是长大了一点。它们也许在等待时机，一旦阳光通透，就可以茁壮成长。雪道的开辟，让林缘的百合等到了机会。

夏季值得观赏的野花主要有：毛百合、东北百合、黄海棠、吉林乌头、黄连花、乌拉尔棱子芹、尖萼耧斗菜、藿香、辣蓼铁线莲、兴安独活、屋根草、兴安升麻、紫菀、唐松草等。不太讨厌外来种的人，也可以看看月见草、一年蓬，它们一片一片地开起花来，确实也挺美。在这里，除了豚草比较讨厌外，其他外来种还算本分。注意，毛百合明显早于东北百合开花，前者花谢了后者才开始绽放。浅裂剪秋罗在全国许多地方都有分布，但是观察多年我得出一个结论：唯有在东北它才长得最旺盛，在大青山它鲜艳夺目。

8 月中下旬可以主要观赏：东风菜、旋覆花、败酱、蹄叶橐吾、高山蓍、盘果菊、大叶风毛菊、美花风毛菊、山马兰、翼柄翅果菊、羊乳、荠苨、浅裂剪秋罗、山罗花、柳叶芹、白芷、宽叶蔓乌头等。宽叶蔓乌头是乌头属中非常特别的种类，也是笔者最先见识的大青山草本植物。在第一次滑雪的时候，就在雪道边发现了它的缠绕茎和蓇葖。它的茎可左旋也可右旋，以左为主，跟羊乳的茎缠绕方式相似。大叶风毛菊在这里的数量十分惊人。

这里的野菜、野果、草药也多极了，东北最具特色的品种几乎都有，比如大叶芹（短果茴芹）、辽东楤木（刺嫩芽）、刺五加（刺果棒）、蕨（蕨菜）、峨参、长裂苦苣菜（曲麻菜）。野果主要有东北茶藨子、山葡萄、库页悬钩子、笃笃头（牛叠肚）、毛樱桃、松子（红松的种子）、野山楂、软枣子（软枣猕猴桃）、狗枣子（狗枣猕猴桃）、山核桃（胡桃楸的果实）。后四者的数量比较大。药材也颇丰富，比如在调查中不经意间就看到了汉城细辛、穿龙薯蓣、地榆、黄檗、红毛七、天麻、人参。有人会惊讶滑雪场边有天麻和人参？一点不错。

在我看来，大青山做野外植物学实习基地，开展博物、自然教育、野外拓展活动非常合适。不过，真的不能因为野菜多、药材好，就随便采挖。如果大家都这么做，就麻烦了。这里是国家 4A 级景区，不是一般山野。在别的地方可以做的事，在这里未必可以。希望通过大家的共同努力，若干年后，这些珍贵植物的数量能多起来，而不是变少或者消亡。笔者也曾想过隐瞒天麻和人参的消息，又一想，不能低估中国百姓的觉悟。人们有权认识各种植物，人们也有能力克制自己的欲望，保护好我们的生态。要相信百姓！其实，对于健康的身体和心灵，我们并不需要吃天麻、吃人参，实在需要也可到药店里购买嘛。在大青山，植物对于我们最大的功能，就是悦目；我们要学会欣赏它们的美，通过观察和学习，懂得其进化的精致与智慧，与美好的事物和平相处。野花不要采，野果可以在野地里适当品尝。不要太贪婪，不宜采许多带走。如博物学家梭罗讲的，在寒风中品尝野果才有滋味。

大青山高大乔木主要有：壳斗科的蒙古栎，锦葵科的辽椴和紫椴，榆科的裂叶榆和春榆，无患子科的东北槭、青楷槭、花楷槭和茶条槭，蔷薇科的水榆花楸、山楂和斑叶稠李，芸香科的黄檗，豆科的朝鲜槐，胡桃科的胡桃楸，桦木科的白桦和硕桦，松科的杉松、红松和樟子松。也能看到寄生在榆科、杨柳科及壳斗科大树上的槲寄生。冬季树叶落了，其上的"大鸟窝"看得更清楚。

特色灌木主要有：五福花科朝鲜荚蒾和修枝荚蒾，忍冬科的早花忍冬和金花忍冬，豆科的胡枝子，卫矛科的卫矛和黄心卫矛，蔷薇科的山刺玫，桦木科的毛榛，茶藨子科的长白茶藨子。

特色藤本植物主要有猕猴桃科的两种大藤子（软枣猕猴桃和狗枣猕猴桃）和葡萄科的山葡萄。

远处为松花湖。

青楷械。

三花槭（无患子科）。

三花槭（无患子科）。

9月底的球果堇菜（堇菜科）。

色木槭（无患子科）。

雪地里看植物

前面提到在大青山可以一季滑雪，三季观花。实际上，冬天也可以看植物，而且别有滋味，能增进对植物的特殊了解。通常我们看到的是绿色植物活体，而雪地里植物什么模样，并不熟悉。在雪地里看植物有一大好处，情景得以简化，可以更好地欣赏草本植物茎叶着生方式，看清果实和果序的结构。

在雪地看植物，一下子就看出是哪个科的并不难，要准确鉴别到属、种有一定的难度。不确定性，其实最考验人、锻炼人。对于指定的边界清楚的小区域，精确鉴定出雪地里的每一种植物，理论上是可能的，关键是要熟悉这一带的每种草木，对其"左邻右舍"做到心中有数。一名优秀的本土博物学家，应当对自己关注区域内的植物生活史有充分的了解，对一年四季中该植物的"长相"脑海中都有形象。

下面仅提供少数实例，意在提醒博物爱好者，不要放弃冬季看植物的机会。

普通人看植物，不必拘泥于植物学专家特别强调的植物繁殖器官和检索表。植物的各个方面都可能有趣，吸引人。一种植物区别于另一种植物，会有许多方面，决不限于植物志所描述的那些典型、通有的差异。发掘我们自己的"个人致知"（personal knowing）能力，达到一定水平，在相当多情况下，仅凭植物的一个小小碎片，也能准确加以识别。就像对你的家人、朋友一样，你可能从未用尺子量过他们的腰围，鼻子、眼睛的大小，但你一定有多种办法百分百把他们识别出来。

那么，对于下面这些植物，仅凭所给图片上的孤立信息就可以准确识别吗？一般情况下不行，即使是植物学院士，单凭一张照片也是不敢定名的。其实大部分是反推出来的。根据其他季节该植物的长相、分布，反过来推断冬季里看到的植物应当是什么种。知道植物的拍摄地点非常重要，海拔、阳坡还是阴坡、附近的其他植物等信息也很有用。

对雪地里的一些树，如
何确定它们就是蒙古栎而不
是别的栎？仅凭冬季的树干，
确实不好认，但是结合其他
季节此处植物的长相，就能
准确认出。最好在一年四季
中多次光临同一地点观察植
物，了解植物在不同时期的
模样。

蒙古栎（壳斗科）。

为何叫紫椴？其实我也不知道。但瞧瞧它上部树枝的颜色，不正好是紫红色的吗？准确鉴定当然不能只看树枝的颜色，而是要比较叶子和果实。

紫椴（锦葵科）。

这就是作为野菜的蕨菜？没错。但显然此时它已经老了，不再适合食用。

蕨（碗蕨科）。

各种槭树不是都属于槭树科吗？是的，以前是这样。大家可能都习惯了。但现在根据APG，槭树科都变为无患子科了。于是，北方一下子多了许多无患子科植物！

白桦（桦木科）与色木槭（无患子科）。

黄心卫矛（卫矛科）。

卫矛（卫矛科）。

长期以来人们已经熟悉草本威灵仙是玄参科植物。现在根据 APG，已经调整为车前科了。仔细琢磨一下，它的花序与车前是否有点像呢？

草本威灵仙（车前科）。

雪地里单凭果实，不容易准确认出修枝荚蒾，除非仔细比较植物志上对果实的详细描写。如果一年四季多观察几次，比如看到它的叶和新鲜的粉红色果实，就容易确认它是谁了。

修枝荚蒾（五福花科）。

在雪地里一眼认出两种植物分别为忍冬属和茜草属，一点不难。但认到种就比较难。早春时看到前者的花、夏季时看到后者的叶，就好办了。

早花忍冬（忍冬科）和林生茜草（茜草科）。

水曲柳（木樨科）。

以前写作木犀科，现在标准化后推荐写作木樨科。穿龙薯蓣的茎是左旋的，即具有左手性。有无例外？这个种没有例外。但同属其他种也有右旋的。此照片拍摄于度假区的水库东北侧山坡，那里树木、灌木不算高但十分密集，离开小道从中穿行非常困难。

花曲柳（木樨科）和穿龙薯蓣（薯蓣科），后面是蒙古栎。

这种植物的花序像东北的烟袋锅儿。幼苗可食，因为有刺儿，稍变老就不能吃了。

烟管蓟（菊科）。

林生茜草（茜草科）。

这种豆科植物在大青山太多了，到处都有。它经常一丛一丛地生长。可用于生火，所以也叫高丽明子。朝鲜槐树干是制作冰上陀螺的优质木材。

朝鲜槐（豆科）。

它的花非常漂亮，五个
金黄色的花瓣像小风车上的
叶片。看花要等到 8 月份。

黄海棠（金丝桃科）。

雪地上的尖萼耧斗菜看起来不够美观，但是夏季、秋季的植株可相当漂亮。这个种在我国只分布于东北，北京和河北一带看不到，远道而来的朋友要特别留意它。它的种子黑色，油亮油亮的。可考虑引种到华北。

尖萼耧斗菜（毛茛科）。

宽叶山蒿（菊科）和白花碎
米荠（十字花科）。

这种柴胡叶子实在大，因而也算好认。我曾听河北一位有名的中草药专家说，它的根与同属植物的根药效很不同，不宜使用，不知真假。后者是本地种，没有危害，不同于上海等地常见的入侵种——加拿大一枝黄花。

大叶柴胡（伞形科）和钝苞一枝黄花（*Solidago pacifica*）（菊科）。

小花溲疏（绣球科）。

滑雪时瞥见了雪地里的东北百合蒴果，让我产生了编写本书的冲动。最初的一闪念不过几秒钟，最终却让我用了一整年的时间、来回奔波上万千米，反复登上这座山。

兴安升麻（毛茛科）和东北百合。

单纯看树干上的花纹，此植物与华北的葛罗槭、青榨槭相似，但一看到它稍大的叶片，就可以判定它们不同。实际上，华北是没有这个种的。

青楷槭（无患子科）。

白芷（伞形科）。

冬天第一次见，以为它是蔓乌头。夏季和秋季得仔细比较它的叶，才确认是宽叶蔓乌头。它们是不同的种。大青山这里只见到宽叶蔓乌头。它的茎很特别，可左旋也可右旋。

宽叶蔓乌头（毛茛科）。

宽叶蔓乌头（毛茛科）。

东北百合（百合科）。

胡桃楸（胡桃科）。

色木槭（无患子科）。

暴马丁香（木樨科）和辽东
楤木（五加科）。

山荆子（薔薇科）。

仔细看，这株裂叶榆（也称刮道榆）大树上有寄生植物，冬季用长焦镜头容易拍清楚。夏天有树叶挡着，不容易拍摄。这株位于山顶公园。附近有蔷薇科的一株大树，比较珍贵。请自己找吧。

裂叶榆（榆科）。

一叶萩（叶下珠科）。

野大豆据说是大豆的祖先。它的茎是右旋的，有没有左旋的？我从未见过。

益母草(唇形科)和野大豆(豆科)。

月见草（柳叶菜科）。

植物标本选

在数码摄影十分发达的今天，采标本的意义正在快速缩小。除了发表新种，一般情况下真的没必要采集标本，采了也几乎没地方存贮。但少数几张照片是无法表征标本的，标本的信息量非常巨大。在某种植物数量有限的情况下，更要慎重，一般不鼓励采集。即使要采集，也仅限于地面以上部分。下面的标本仅供普通读者察看某种植物在另外一种状况下的样子。在野外遇到某种植物不认识，而自己又非常想知道它的名字，那么在确认其数量比较大、不至于因自己的采集而受影响时，可以采集一个小标本，以便向别人请教。采集的标本要立即拴上标签，注明采集地点、地形，有手机信号时要随手拍摄，记录下（GPS）数据。

掌叶铁线蕨（凤尾蕨科）。

东北蹄盖蕨（蹄盖蕨科）。

粗茎鳞毛蕨（鳞毛蕨科）。

东北百合（百合科）。

薤白（石蒜科）。

三花顶冰花（百合科）。

北重楼（藜芦科）。

二苞黄精（天门冬科）。

玉竹（天门冬科）。

铃兰（天门冬科）。

牛尾菜（菝葜科）。

矮桃（报春花科）。

朝鲜槐（豆科）。

球果堇菜（堇菜科）。

和尚菜（菊科）。

豚草（菊科）。

| 107 |

笔龙胆（龙胆科）。

宽叶蔓乌头（毛茛科）。

朝鲜白头翁（毛茛科）的叶。

狗枣猕猴桃（猕猴桃科）。

髭脉槭（无患子科）。

水榆花楸（薔薇科）。

大叶芹（伞形科），也称短果茴芹，著名野菜。

大叶柴胡（伞形科）。

白花碎米荠（十字花科）。

细齿南星（天南星科）。

红毛七（小檗科）。

滑雪度假区植物引种建议

作为度假区，肯定要引种若干植物，滑雪场开辟雪道后为控制水土流失，也要引种一定的植物。

在大青山，因小范围新的施工导致的地面裸露，并不是大问题。这里雨水充足，自然而然会迅速变绿，各种植物会生长起来。个别外来种可能抢占一些地盘，比如豚草，但也有办法抑制。

引种植物的基本原则是，不能为了引进而引进，搞不清楚时尽可能不用外来种。滑雪场栽种植物要尽可能采用本土物种，一则适应性强，二则不可能导致生物入侵，三则经济上划算。长远看，本土种成活率较高。但目前本土苗木供给不足，多数苗木公司没有本土种优先的意识，也没有自己的研发、培育能力，习惯倒卖人家的物种。大的滑雪公司宜着手自己解决一部分问题，也要向有关园艺公司提出要求，建立长期供货合同。新苗木的培育不是几个月和一年两年的事情。

固土、防洪用的植物可以考虑多年生（不用重复种植）、不影响滑雪的种类，推荐如下种类（为了避免指称混乱，特意标出学名）：1. 白花马蔺（*Iris lactea*），抗踩压，根深。此植物也很美，春季观花，夏秋观叶。北京城市街道绿化已经大量使用此种，非常成功。2. 蒙古黄耆（*Astragalus penduliflorus* subsp. *mongholicus*），根深，花美，能够自己繁殖。3. 紫穗槐（*Amorpha fruticosa*），根深，枝条越割生长越旺。秋季把当年生枝条割掉。

它虽是外来种，但经过了多年检验，非常安全。4. 黄连花（*Lysimachia davurica*），夏季观花。5. 旋覆花（*Inula japonica*），繁殖快，夏季观花。可以用它对付同科的入侵种豚草。6. 黄海棠（*Hypericum ascyron*），夏季观花，结实多，易自己繁殖。7. 龙芽草（*Agrimonia pilosa*），根深，抗踩，可观花。8. 藿香（*Agastache rugosa*），目前 C 索道下部雪道上就有大量分布，花芳香，通过种子也易自己繁殖。9. 东北玉簪（*Hosta ensata*），度假区花坛中已有少量栽种。10. 尖萼楼斗菜（*Aquilegia oxysepala*），花美，大青山上就有许多，特别值得开发。11. 牛蒡（*Arctium lappa*），根深，叶大，通过种子易繁殖。12. 草本威灵仙（*Veronicastrum sibiricum*），可观花，大青山上已有一些。13. 北黄花菜（*Hemerocallis lilioasphodelus*），可观叶、观花。14. 黄精（*Polygonatum sibiricum*）。15. 瑞香狼毒（*Stellera chamaejasme*），观花。16. 苦参（*Sophora flavescens*）。17. 歪头菜（*Vicia unijuga*）。18. 草木樨（*Melilotus officinalis*），繁殖快。19. 叉分蓼（*Polygonum divaricatum*），也称叉分神血宁。20. 落新妇（*Astilbe chinensis*）。21. 蕨麻（*Potentilla anserine*），又叫鹅绒委陵菜。本地生长的莎草科多种薹草属植物在雪道上栽种也非常适合。22. 辽东楤木（*Aralia elata*），大青山林下本来就有许多，雪道上由于阳光充足更是发出许多新苗。其

猪牙花（百合科）。大青山目前没有，值得从吉林抚松、白山、通化引进。在东北，有希望把它开发成优秀的园艺品种。自然条件下它的地下鳞茎埋藏非常深，栽种时也要栽得深一些。

小檗科鲜黄连。值得从吉林其他地方引进，其实不远处的桦甸就有，通化则非常多。

实可以有意识地栽种这种著名野菜，用来绿化或防止水土流失。一年生苗木复叶长得结实、巨大，很美观，秋季可以割去地上部分。

景区绿化方面，推荐如下种类（宜栽种小苗，而不是大树。比较麻烦的是，通常园艺公司并没有本土种苗木，各地几乎全篇一律，"你有我有全都有，你没我没大家没"。长远看，度假区要有自己的小苗圃，储备一些特色本土种苗）：1. 紫花槭（*Acer pseudosieboldianum*），一种优美的灌木、小乔木，FOC 称紫花枫，秋叶极美。2. 山楂（*Crataegus pinnatifida*），可以自己串根无性繁殖，大青山水库边上就非常多。3. 朝鲜槐（*Maackia amurensis*），极适应本地，山上很多，大树小树都有，雪道上也冒出一些小苗。4. 东北杏（*Armeniaca mandshurica*），春季观花。5. 山荆子（*Malus baccata*），大青山有少量分布。6. 斑叶稠李（*Padus maackii*），适应性强，山上非常多，雪道上有小苗。7. 春榆（*Ulmus davidiana* var. *japonica*），适应性强，极易成活。8. 裂叶榆（*Ulmus laciniata*），叶美，长寿。9. 紫椴（*Tilia amurensis*）。10. 辽椴（*Tilia mandshurica*）。11. 蒙古栎（*Quercus mongolica*），千万不要栽大树，用小苗反而长得快。12. 暴马丁香（*Syringa reticulata* subsp. *amurensis*）。13. 白桦（*Betula platyphylla*），不能栽大树，小苗易成活。14. 软枣猕猴桃（*Actinidia arguta*），高大藤本，可营造特殊的场景。15. 金银忍冬（*Lonicera maackii*）。16. 卫矛（*Euonymus alatus*），非常优美的一种灌木，大青山水库东侧就非常多，在西方国家早就广泛用于园林。以下种类可能需要从吉林省其他地方引进。17. 玉铃花（*Styrax obassia*）。18. 山樱花（*Cerasus serrulata*），早春观花。19. 东北扁核木（*Prinsepia sinensis*），观果。20. 山桃（*Amygdalus davidiana*），早春观花，易繁殖。21. 花楸树（*Sorbus pohuashanensis*），可作行道树。22. 伞花蔷薇（*Rosa maximowicziana*），吉林南部有分布。

园艺观赏植物宜重点使用或驯化几个吉林省本土种，下面推荐的均是草本多年生植物：1. 百合科东北百合（*Lilium distichum*），2. 百合科毛百合（*Lilium dauricum*）。以上两种在大青山小苗甚多，值得在春季收集，移栽到特定的苗圃中培育。光照不能太强。3. 毛茛科朝鲜白头翁（*Pulsatilla cernua*），根深，花极美。4. 球子蕨科荚果蕨（*Matteuccia struthiopteris*），叶簇生，有特别的装饰效果。5. 天门冬科铃兰（*Convallaria majalis*）。以上种类在大青山本来就有。下面几种需要从吉林其他地方引进。6. 百合科猪牙花（*Erythronium japonicum*），此物种在园艺上大有前途，不输于郁金香之类植物。7. 小檗科鲜黄连（*Plagiorhegma dubia*），花与叶均非常特别。8. 虎耳草科大叶子（*Astilboides tabularis*），叶大，非常特别。9. 虎耳草科槭叶草（*Mukdenia rossii*），通常长在岩壁上。10. 毛茛科獐耳细辛（*Hepatica nobilis* var. *asiatica*）。11. 鸢尾科溪荪（*Iris sanguinea*）。12. 鸢尾科燕子花（*Iris laevigata*）。13. 鸢尾科山鸢尾（*Iris setosa*）。14. 鸢尾科玉蝉花（*Iris ensata*）。15. 百合科卷丹（*Lilium tigrinum*）。16. 报春花科樱草（*Primula sieboldii*）。17. 唇形科大叶糙苏（*Phlomis maximowiczii*）。18. 唇形科甘露子（*Stachys sieboldii*）。19. 桔梗科聚花风铃草（*Campanula glomerata*）。20. 小檗科朝鲜淫羊藿（*Epimedium koreanum*），花叶俱美，此属植物在英国广泛用于园艺，也是著名药用植物。在东北，朝鲜淫羊藿特别值得开发。

收录种类与体例

本书收录的植物只是大青山现有植物的常见部分，或者说最突出的部分。限于各种条件，还有少量重要的种类未能收录，希望以后有机会补充。为松花湖滑雪度假区的一座山编写一部收录"全部"物种的乡土植物图志，当然有意义，但耗费精力较大，以笔者个人的力量短时间内也不容易完成；即使能完成，对一般读者来说使用起来反而不方便。有些种类在东北、华北，甚至全国都能见到，没必要个个收录。

下面交代一下本书主体部分植物图谱的体例：

（1）排序。先按蕨类植物、裸子植物和被子植物这三大类分别排列。每一大类中，植物按科名以汉语拼音升序排列，便于查找。由于具体到每一科，物种数量都不算大，科内物种不再专门排序。

（2）分类与命名。主要参照《中国植物志》、英文版的 *Flora of China*（简称 FOC）、PPG I、APG III 来进行。不一致时，尽可能按 PPG I、APG III，其次为 FOC，然后是《中国植物志》。但也有例外。无患子科的某某槭，仍然沿用《中国植物志》给出的中文名，学名则依 FOC。*Pleurospermum uralense* 中文名仍然用乌拉尔棱子芹，而不是 FOC 的棱子芹。据 APG III，就本书而言，涉及的科属调整主要有：原来"大口袋"百合科中的部分属分别归入藜芦科、菝葜科、石蒜科、天门冬科、秋水仙科。败酱科归入忍冬科，芍药属从毛

茛科分出归入芍药科，溲疏属从虎耳草科分出归入绣球科，茶藨子属从虎耳草科分出归入茶藨子科，用类叶升麻属合并升麻属，用无患子科合并槭树科，椴树属归入锦葵科，柳叶芹属并入当归属，金丝桃属从藤黄科分出归入金丝桃科，由茴芹属分出大叶芹属（*Spuriopimpinella*），樱属和稠李属并入李属，荚蒾属和接骨木属归入五福花科，槲寄生属归入檀香科，山罗花属从玄参科分出归入列当科，草灵仙属（*Veronicastrum*）从玄参科中分出归入车前科。另外，木犀科改写作木樨科，灯心草科和灯心草属分别改名为灯芯草科和灯芯草属。

对于蕨类植物，本书采用广义蕨类植物 PPG I 分类系统。

对于被子植物，1998 年有了 APG I，2003 年有了 APG II，2009 年有了 APG III，2016 年又有了 APG IV。熟悉原来科属的人很不习惯 APG，比如不习惯椴树科（斜翼属除外）、木棉科、锦葵科合并，不习惯百合科分裂，不习惯槭树科并入无患子科，不习惯玄参科的山罗花属并入列当科，不习惯败酱科并入忍冬科，等等。但是，没办法，早晚要习惯的。因为植物学界采用 APG 体系是大势所趋。APG 更好地反映了物种的演化关系，以分支分类学的单系原则界定植物分类群，尽可能把并系或杂系类群（paraphyletic group）拆分成单系类群（monophyletic group）。APG 系统虽然没有完全

稳定下来，但基本骨架不容易大变。实际上，传统的分类体系也一直处于动态调整当中。笔者的观点是，无论专业还是业余人士，都要密切注意 APG 进展，抓紧学习。原来完全没有植物分类知识的，似乎更容易一步到位，直接接受 APG 的成果。其实不然，因为现有的中外文植物学读物大部分仍然采用的是传统分类，那些资料不可能不看。这就注定，无论先到后来，都得了解传统分类系统与新分类系统的转换关系。

想了解 APG Ⅳ，可查史蒂文斯（P.F.Stevens）的网站 www.mobot.org/MOBOT/research/APweb/，中国人除了关心自己国家拥有的一些科属外，也应当有世界眼光，从而对全球被子植物的演化有一个整体了解。刘冰等人发表在《生物多样性》杂志上的论文"中国被子植物科属概览：依据 APG Ⅲ 系统"[2015，23（02）：225-231] 非常有用，应当经常参考，实际上应当把此论文的结果做到中国植物志电子版页面上。在原来的科属上加上附注，明确标出变更，这样人们使用起来就非常方便了。就本书涉及的植物而论，APG Ⅲ 和 APG Ⅳ 没有差异。因此也可以讲本书的分类已经升级到 APG Ⅳ。

我不是专家，不敢保证本书植物分类没有错误。即使专家也可能犯错误。本书肯定有错误，希望读者朋友发现后告诉我（huajie@pku.edu.cn），以便以后改正，感谢！

（3）文字描述。除了提供学名、所在科的信息，也给出别名和简要描述。文字主要摘录自《中国植物志》，有适当修改。对一个物种的描述可详

可略，因为本书面向普通读者，不可能完全采用专业术语。有些特征不容易观察到，或者从所提供的图片上难以看出，就适当省略了。有兴趣的读者完全可以根据这里提供的学名，到下述网站上阅读更详细的描述：frps.eflora.cn（《中国植物志》电子版）。由于有的学名依据 FOC 修订过，可能在《中国植物志》上查不到，这时可以试 foc.eflora.cn。我们每一位植物爱好者都应当感谢中国科学院植物研究所的数字化工程（数字植物项目组及 NSII），这一工作不但方便了专业植物学者工作者，也为广大民众提供了阅读植物志的机会，其社会意义非常巨大。现在识花认草软件有许多种，如"花伴侣""形色"，可以用但不要太依赖、太相信。软件进步得很快，用户也可以通过参与而做出自己的贡献，但目前对于山地植物可能还不灵。也许过几年，它们经过充分学习会变得足够聪明。不过，软件永远不可能完全取代人工。

（4）物种数量。植物图谱共收录 75 科 243 种。物种数不能太多，也不能太少。多少合适？没人规定。好像越多越好。不是这样，对于普通读者，数量太多，用起来麻烦。我的考虑是，用一本书把一座山最主要的植物物种囊括其中。比如，这里不收录蒙古栎、裂叶榆、毛百合、软枣猕猴桃、朝鲜槐、紫椴、水曲柳肯定不合适，因为它们数量巨大，是大青山的常见物种、典型物种，也可以说是旗舰物种。汉城细辛、有斑百合、单花韭、球子蕨、尖萼楼斗菜最好能收录。而一年蓬、月见草、野火球、千屈菜、长裂苦苣菜、旋花、大籽蒿，重要性就差许多，可收可不收，全都收不行，全不收也不行。

总之，物种数量是多种因素综合考虑的结果。

这里列出已经注意到并拍摄了图片而故意未收录的种类：白车轴草（三叶草，雪道上大量引种）、白杜、白花马蔺、白屈菜、暴马丁香、北黄花菜、糙叶败酱、长裂苦苣菜、车前、翅果菊、大山黧豆、大籽蒿、东北玉簪、防己、风花菜、风箱果（景区已用作树篱）、红车轴草（雪道上少量引种）、鸡腿堇菜、鸡眼草、假龙头花（*Physostegia virginiana*，景区园艺栽种）、拉拉藤、狼杷草、藜、藜芦、裂瓜、柳兰、龙芽草、路边青（水杨梅）、萝摩、马齿苋、蒙古蒿、蒲公英、千屈菜、秋苦荬（*Ixeris denticulata*，此处据《北京植物志》，第 1131 页）、桑、山荆子、丝毛飞廉、歪头菜、小蓬草、星叶蟹甲草、旋花、鸭跖草、野韭、一叶萩、一年蓬，等等。为什么不收？没有为什么，空间有限或者说太一般。

（5）图片。所有图片都是笔者一个人实际拍摄的。水平有限，许多图片并不理想。仅用一张或两张图片，通常不足以反映一个物种的主要分类特征，在这方面植物科学画更有优势。但黑白植物绘画对普通人来说不够直观，检索表以外的信息特别是颜色信息被省略了。在拍摄照片时，为了照顾、突出分类特征，不得不采用非常视角或改变植物的原来生长状况，比如从下面观看、把叶子翻过来、只聚焦于植物的某一细节等。也许这就是普通的植物摄影与用于辨识植物的专门摄影的最主要区别。另外限于篇幅，不可能给一个种分配许多图片。用多张小图如何呢？小图看不清楚，视觉效果不好，宁可不用。具体到某一个种用多少张图片，确实有一定随意性和无奈（因各种条件限制，我可能没拍到更好的照片），没更多道理好讲。

一种植物从发现、采集标本、鉴定和命名、收录到植物志，再到不断修订，往往要经历几代人的艰苦努力。个人的工作只有融入这个科学体制才有意义。离开了先行者、前人的成果，根本没法做工作。负责不断更新 APG 分类系统的一家网站开门有一句话"Systematics is a profoundly historical discipline, and we forget this at our peril"，大意是"系统分类学相当程度上是一门历史学科，我们可千万不要忘记这一点"。其实博物类科学都非常讲究"历史"，做分类、发表新种比文科的历史学家还要讲究一步一个脚印、可追踪的传承。常人难以理解的是，此复杂过程即使是错误，也得认真对待、引证，要以明确的方式将其清除，而不能视而不见。面向公众的博物学作品要求没那么严，但也不能含糊。传统科学哲学以力学、物理学为"模式"，现在看，可能要改作以生命科学为模式。

当下大部分图鉴类图书都是合著，本书为何不合著？合著当然有好处，但也有明显弊端，比如效率低、照片来源不靠谱。一个人工作，效率非常高，照片拍摄地和拍摄时间都清清楚楚。笔者个人也散漫惯了，出野外想走就走，想待几天就待几天，而人多了肯定行不通。

几个有用的网站：

万科松花湖度假区：www.lakesonghua.com

《中国植物志》电子版：frps.eflora.cn

国际植物学名索引：ipni.org

被子植物系统发育研究组分类系统：www.mobot.org/MOBOT/research/APweb

植物
图谱

粗茎鳞毛蕨

Dryopteris crassirbizoma

鳞毛蕨科

别名野鸡膀子。生于林下。叶柄连同根状茎密生鳞片。叶簇生，粗壮，斜向外升起整体呈圆台形。叶片长圆形至倒披针形，二回羽状深裂。羽片通常 30 对以上，无柄。一种野菜，但食用不如蕨、东北蹄盖蕨多。

粗茎鳞毛蕨，叶的下面。

粗茎鳞毛蕨，叶的上面和幼叶。

粗茎鳞毛蕨，刚出土的嫩叶。

粗茎鳞毛蕨，叶的下面放大图。

戟叶耳蕨

Polystichum tripteron

鳞毛蕨科

别名三叶耳蕨、三叉耳蕨。植株高 45 厘米左右。叶簇生。叶柄长 12~30 厘米，基部以上禾秆色。具三枚椭圆披针形的羽片；侧生一对羽片较短小，中央羽片较大。小羽片均互生，近平展，镰形，基部下侧斜切，上侧截形，具三角形耳状突起。

戟叶耳蕨，三枚大羽片的下
面和上面。

华北鳞毛蕨

Dryopteris goeringiana

鳞毛蕨科

　　植株高50~90厘米。根状茎粗壮，横卧。叶柄长25~50厘米，淡褐色，有纵沟，具淡褐色、膜质鳞片，下部的鳞片较大，上部连同中轴被线形或毛状鳞片。叶片卵状长圆形、长圆状卵形或三角状广卵形，先端渐尖，三回羽状深裂。羽片互生，具短柄，披针形或长圆披针形。叶片草质至薄纸质，羽轴及小羽轴背面生有毛状鳞片。孢子囊群近圆形，通常沿小羽片中肋排成2行。

华北鳞毛蕨，叶的下面。

华北鳞毛蕨，叶与横卧的根状茎。

蕨

Pteridium aquilinum var. latiusculum

碗蕨科（据 FOC）

别名蕨菜。欧洲蕨的一个变种。根状茎横走。初生叶柄密被锈黄色柔毛。三回羽状复叶。叶干后近革质或革质。著名野菜，在蕨类野菜中知名度列第一。有报导称食用此类植物可致癌，姑妄听之。

蕨，此时"手爪"（叶）已
经稍稍展开。作为野菜的话，
此时已经有点老了。

蕨，上一年留下的枯叶。

初夏时节的蕨。

蕨，成年叶的下面。

木贼

Equisetum hyemale

木贼科

别名锉草（可用于磨刀）。在同科中属于大型植物。地上枝多年生，一型，绿色，不分枝或基部有少数直立的侧枝。地上枝有脊。主要生长于大青山的山脊处，"山顶公园"至火神庙一带大量分布。

这种植物能磨刀？没错。其实并不奇怪。在南方有一种五桠果科植物锡叶藤（*Tetracera sarmentosa*），叶表面也十分粗糙，可用来打磨器具。

问荆

Equisetum arvense

木贼科

　　根茎斜升、直立和横走，黑棕色。枝二型。能育枝，春季先萌发，节间长2~6厘米，黄棕色。鞘筒栗棕色，鞘齿9~12枚，栗棕色。不育枝后萌发，高达40厘米，节间长2~3厘米，绿色，轮生分枝多。鞘齿三角形，中间黑棕色，边缘膜质，淡棕色。

问荆的能育枝，先萌发。

荚果蕨

Matteuccia struthiopteris

球子蕨科

别名广东菜、青广东。叶簇生，二型。不育叶，叶柄褐棕色，上面有深纵沟，基部三角形，具龙骨状突起，密被鳞片，向上逐渐稀疏，二回深羽裂，中部羽片最大。能育叶较不育叶短，一回羽状，羽片线形。著名野菜之一。可用作园艺观赏。

荚果蕨，刚出土不久。

球子蕨

Onoclea sensibilis

球子蕨科

叶草质，柔弱。叶二型。叶轴两侧具狭翅。不育叶先端羽状半裂，下部一回羽状，羽片 5~8 对。叶脉网状，明显。羽片边缘波状或近全缘。能育叶低于不育叶，二回羽状。孢子囊群圆形。

球子蕨，叶的下面。

球子蕨，叶的上面。

东北多足蕨

Polypodium virginianum

水龙骨科

叶片近革质，羽状深裂或全裂。可附生于树上或石上。侧生裂片近平展，孢子囊群靠近裂片边缘着生。

叶上侧生裂片约 12~16
对，但小裂片并非严格对生。
裂片基部左右两侧近一半交
错着，也可说裂片是互生的。
孢子囊群圆形，靠近裂片边
缘着生，无盖。

东北多足蕨，叶的下面。

东北多足蕨，叶两面对照。

东北多足蕨，喜欢生长在林
下多石的环境中。

东北蹄盖蕨

Athyrium brevifrons

蹄盖蕨科

别名猴腿蹄盖蕨、猴腿儿。叶簇生。叶柄基部密被深褐色、披针形的大鳞片。叶柄紫红色，向上禾秆色或带淡紫红色。叶片二回羽状。孢子囊群长圆形、弯钩形或马蹄形，生于基部上侧小脉，每裂片1枚，在基部较大裂片上往往多一些。东北著名野菜。

东北蹄盖蕨，叶稍稍舒张开。

东北蹄盖蕨，簇生的嫩叶。

东北蹄盖蕨的普通植株，从叶的上面观察。

东北蹄盖蕨，叶的下面。下
部是一片嫩叶。

东北蹄盖蕨，叶的下面。拍
摄时紫红色的叶柄反折过来。

多齿蹄盖蕨

Athyrium multidentatum

蹄盖蕨科

据《东北草本植物志》
和《北京植物志》，不与《中
国植物志》所述的 *Athyrium
brevifrons* 合并。株高 60~120
厘米。叶柄基部密被黑鳞片。
叶簇生。叶柄下部黑褐色，
向上渐变为禾秆色，偶有小
鳞片。叶片 2~3 回羽裂，互
生，斜展。叶轴和羽轴下面
禾秆色，略被淡棕色卷缩的
腺毛。孢子囊群弯钩形或马
蹄形，每裂片上有 1~4 对。
据实际观察，此种与东北蹄
盖蕨（*Athyrium brevifrons*）的
主要区别不在于裂片先端锯
齿的形状，而在于叶柄的颜
色及孢子囊群的数量。

多齿蹄盖蕨，从叶的上面观察。

多齿蹄盖蕨，从叶的下面观察。注意观察孢子囊群。

掌叶铁线蕨

Adiantum pedatum

凤尾蕨科（据 FOC）

根状茎直立或横卧。叶簇生或近生。叶柄长 20~40 厘米，栗色或棕色，光滑有光泽。叶片阔扇形，长可达 40 厘米，宽可达 30 厘米，叶柄的顶部分出左右两个对称的弯弓形分枝，再从每个分枝的弧形外侧生出 4~6 片一回羽状的线状披针形羽片。小羽片 20~30 对，互生，具短柄，呈偏斜的银杏叶状扇形。

掌叶铁线蕨，叶的下面与叶
的顶视图。

樟子松

Pinus sylvestris var. *mongolica*

松科

乔木。树皮厚，树干下部灰褐色，上部树皮及枝皮黄色至褐黄色。枝斜展或平展，近似轮生。针叶 2 针一束。球果卵圆形或长卵圆形，长 3~6 厘米，径 2~3 厘米，成熟前绿色，熟时淡褐灰色。中部种鳞的鳞盾多呈斜方形或五边形，隆起，棱角分明。在大青山裸子植物中数量列第一位，多集中于西侧山坡下部。

樟子松的球果，鳞盾中间隆
起。松针2针一束。

樟子松的树干。

樟子松的球果。

滑雪场 C 索道下部穿越樟子
松林。

这片树林应当是后来人
工栽种的。附近向西，还可
见到红松。

樟子松人工林。

红松

Pinus koraiensis

松科

也称果松、朝鲜松。仅在大青山西侧见到几株。乔木，树皮灰褐色，纵裂成不规则的长方鳞状块片，裂片脱落后露出红褐色的内皮。树干上部常分叉，枝近平展。针叶通常5针一束，粗硬而直，边缘具细锯齿，横切面近三角形。种子较大。球果第二年9~10月成熟。东北著名的松子就产于此树的球果，通常一个球果能剥出150粒松子。

红松，针叶 5 针一束。

红松的球果，一般只长在树的最高处，那里能见到阳光。

红松的树干。

杉松

Abies holophylla

松科

数量不多，仅在阴坡半山腰见到几株。乔木。叶线形，尖端急尖，不凹陷，呈剑锋状。幼树树皮淡褐色、不开裂，老则浅纵裂，成条片状，灰褐色或暗褐色。枝条平展。一年生枝淡黄灰色或淡黄褐色，无毛，有光泽，二、三年生枝呈灰色、灰黄色或灰褐色。球果圆柱形，近无梗，熟时淡黄褐色或淡褐色。臭冷杉（*Abies nephrolepis*）叶端微凹，与此不同。

杉松的树干，背景是一条雪道。

上图：杉松一年枝与二年枝，放在滑雪场的雪地上。下图：夏季拍摄的杉松枝的下面。

落叶松

Larix gmelinii

松科

　　乔木，东北林区主要森林树种。大青山主要是小树，大概是栽种的。幼树树皮深褐色，裂成鳞片状块片，老树树皮灰色、暗灰色或灰褐色，纵裂成鳞片状剥离，剥落后内皮呈紫红色。枝斜展或近平展。一年生长枝较细，淡黄褐色或淡褐黄色。叶簇生（二年生枝）或单生（一年生枝），倒披针状条形，长2~4厘米，宽1毫米。球果幼时紫红色、黄绿色。

上图：落叶松与马兜铃科北马兜铃（*Aristolochia contorta*）的蒴果。下图：落叶松的树干。

红皮云杉

Picea koraiensis

松科

　　乔木。树皮灰褐色或淡红褐色，裂成不规则薄条片脱落，裂缝常为红褐色。大枝斜伸至平展，树冠尖塔形。一年生枝黄色、淡黄褐色或淡红褐色，无白粉，无毛或几无毛。二、三年生枝淡黄褐色、褐黄色或灰褐色。叶四棱状条形，主枝之叶近辐射排列，侧生小枝上面之叶直上伸展。球果卵状圆柱形或长卵状圆柱形，成熟前绿色，熟时绿黄褐色至褐色。

红皮云杉的二、三年生枝。

牛尾菜

Smilax riparia

菝葜科

原归百合科，据 APG 调整。多年生草质藤本。茎长1~2米，中空，有少量髓，有棱。叶较厚，叶柄两侧边缘具翅状鞘，鞘的上方有一对卷须。伞形花序，总花梗较纤细。雌花比雄花略小。浆果直径7~9毫米，黑色。嫩苗为野菜之一。

小时候经常采集这种野菜。一般是在刚刚钻出地表时采收，稍晚就会变老。刚采下来的牛尾菜捆成捆，与如今超市中出售的芦笋（石刁柏）相似，味道也近似。而实际上，大青山上的龙须菜与芦笋更接近，都是天门冬科的。印象中，在东北野外采山菜，更容易采到牛尾菜。

东北百合

Lilium distichum

百合科

鳞茎卵圆形，鳞片披针形，较小。叶1轮假轮生，茎上部有少数散生小叶，无毛。花2~12朵，排列成总状花序。花期晚于毛百合和有斑百合。生林下。4月下旬大青山的山坡上数以百万计的小苗茁壮生长出来，但随着其他灌木、乔木长出叶遮挡了阳光，大部分植株停止生长、枯黄，仅有少量在林缘和林隙见光者于6月下旬7月初长出花序，然后在7月中下旬开始顺利开花、结果。雪地里容易见到前一年秋季留下的蒴果。数量极多。

林下的东北百合幼苗，最终
能开花的只是少数，这取决
于能否获取足够的阳光。

东北百合的假轮生叶子。

东北百合，雪道上被阳光晒红的植株。通常的植株得不到充足的阳光，而长在这里的获得了过多的阳光。

东北百合的花序。

雪道上被晒蔫的东北百合。

毛百合

Lilium dauricum

百合科

鳞茎卵状球形，鳞片较小，与东北百合的鳞片相似，明显区别于有斑百合的鳞片。茎带棱。叶散生，在茎顶端有 4~5 枚叶片轮生，基部有一簇白绵毛。花梗有白色绵毛。花橙红色或红色，有紫红色斑点。花被片不翻卷或微翻卷。花期 6 月末 7 月初，与有斑百合近似，均早于东北百合。适合在苗圃中栽种、繁殖。

花期的毛百合。在大青山毛
百合非常多，但也不宜随意
采集。

7月份毛百合长出蒴果。

8月上旬毛百合的蒴果长得
越来越饱满。

上一年留下的毛百合蒴果。

有斑百合

Lilium concolor var. pulchellum

百合科

　　数量明显少于东北百合和毛百合，只见到几株。鳞茎卵球形，鳞片较大。茎圆柱形、光滑，明显区别于毛百合。叶散生、条形。花被片有斑点。

滑雪场水库东北侧山坡上的
一株有斑百合。

顶冰花

Gagea nakaiana

百合科

学名据 FOC，《中国植物志》曾视其为 *Gagea lutea*。别名朝鲜顶冰花。植株高15~20 厘米，细弱。鳞茎卵球形。基生叶 1 枚，条形。叶状总苞片 1~2 枚，与花序近等长。伞形花序，花 3~6 朵。花梗不等长，无毛。花被片条形或狭披针形，黄色，然后变绿。子房矩圆形，花柱长，宿存。蒴果卵圆形至倒卵形，3 次旋转对称，长为宿存花被的三分之二。山坡上低海拔处分布较多，早春主要观赏野花。

顶冰花。宿存花被较长。蒴果卵圆形至倒卵形，长度约为宿存花被的三分之二左右。

顶冰花。蒴果、宿存花被及
花柱顶视图。花柱长度约为
子房的 1.5 倍。

三花顶冰花

Gagea triflora

百合科

　　用顶冰花属（*Gagea*）合并洼瓣花属（*Lloydia*）。中文名和学名据《中国植物志》，FOC 视其为三花洼瓣花（*Lloydia triflora*）。植株高 15~30 厘米。鳞茎球形，鳞茎皮黄褐色，膜质。基生叶 1 枚，条形。茎生叶 1~3 枚，狭条状披针形，边缘内卷。花 2~4 朵，排成二歧的伞房花序。花被片条状倒披针形，白色。花期 4–5 月。早春著名的观赏植物，林下较多。

三花顶冰花，俯视图。

平贝母

Fritillaria ussuriensis

百合科

按邱园物种表和 IPNI，种加词拼写则为 *usuriensis*。鳞茎由 2 枚鳞片组成，周围有少数小鳞茎。叶轮生或对生，上部叶先端卷曲，常缠绕于其他植物上起固定作用。花 1~3 朵，紫色而具黄色小方格，先端外卷。外花被片长于内花被片，花被片内侧中央有剑形绿条纹，始于蜜腺窝。雄蕊长约为花被片的一半，花药近基着生。花柱长为雄蕊的 1.5~2 倍，柱头 3 裂。花期 4 月末至 5 月。可栽培。

这种贝母有什么药用价值，在我看来可能是次要的。如果能把它用于园艺，装点花园，可能非常棒。建议有关部门试一试。

平贝母，花已开放。

平贝母，其叶作为卷须能够
固定植株。

平贝母的幼株，没有花葶。

狼尾花

Lysimachia barystachys

报春花科

多年生草本，具横走的根茎，全株密被卷曲柔毛。茎直立。叶互生或近对生，长圆状披针形、倒披针形以至线形，长 4~10 厘米，宽 6~22 毫米。总状花序顶生，花密集，常转向一侧。花冠白色。

目前，无论《中国植物志》还是 FOC 都称此植物为虎尾草，导致两种完全不同的植物（一个为禾本科另一个为报春花科）叫了同样的中文名。这是植物志编写的一个失误，可以预见下一版《中国植物志》将会做出修改。因为禾本科中还有狼尾草属，改动起来牵涉面太大，不宜变动。简单的办法是改现在报春花科虎尾草为狼尾花！

小时候经常吃它（包括下面的矮桃）的幼苗。上山采野菜时，顺手掐一根嫩尖放到嘴里，略有酸味。

狼尾花的花序。

矮桃

Lysimachia clethroides

报春花科

多年生草本，全株多少被黄褐色卷曲柔毛。根茎横走，淡红色。茎直立，圆柱形，基部带红色，不分枝。叶互生，长椭圆形或阔披针形，长6~16厘米，宽2~5厘米，先端渐尖，基部渐狭，两面散生黑色粒状腺点。总状花序顶生，花密集，常转向一侧。花冠白色。叶明显宽于狼尾花的叶。

为什么叫矮桃？许多人都会发出这样的疑问。《植物名实图考》说："以其叶似桃叶，高不过二三尺，故名。"书中给出的图形也确实与我们现在见到的报春花科种类相似。但那部书说它生于湖南，把它与扯根菜联系在一起。接着又讲了另一种三叶轮生的近似种类。《植物名实图考》说的矮桃其实未必能与这里的种类对应。植物志上说，此植物的别名还有珍珠草、调经草、尾脊草、剃鸡尾、劳伤药、伸筋散、九节莲等。

矮桃的花序。

黄连花

Lysimachia davurica

报春花科

株高 50~110 厘米。茎直立，粗壮，下部无毛，上部被褐色短腺毛，一般不分枝。叶对生或 3~4 枚轮生，椭圆状披针形至线状披针形。总状花序顶生，通常复出而成圆锥花序；苞片线形，密被小腺毛。花冠深黄色，长 8~10 毫米，分裂近达基部，裂片长圆形，先端圆钝，有明显脉纹，内面密布淡黄色小腺体。蒴果褐色。在开阔地易生长，可考虑用作滑雪场观赏植物。

小时候上山，也偶尔直
接吃这种幼苗，微酸。

黄连花的幼苗。

黄连花，从下部仰视。

看果实的模样，能够猜
出为何它属于珍珠菜属。子
房球形，花柱棒状。蒴果卵
圆形或球形，跟萼片配合颇
像镶嵌的珍珠。这个种分布
很广，从东北到江浙、云南
都有。

黄连花的蒴果。

东北茶藨子

Ribes mandshuricum

茶藨子科

原归虎耳草科，据 APG III 调整。落叶灌木。小枝灰色或褐灰色，皮纵向或长条状剥落，无刺。叶宽大，宽几等于长，基部心形，幼时两面被灰白色平贴短柔毛，掌状 3 裂，稀 5 裂。总状花序长 15 厘米左右，初直立后下垂。花萼浅绿色或带黄色，萼筒盆形，萼片反折。花瓣浅黄绿色，花药红色。果实球形，红色，无毛，味酸。

东北茶藨子下垂的花序。

西餐中的醋栗、黑醋栗、红醋栗，跟这个种是一类植物，均属于茶藨子属。果实的形状、味道也相似。我国茶藨子属植物的种类约占世界的三分之一。

东北茶藨子果序。

东北茶藨子，叶的特写。

长白茶藨子

Ribes komarovii

茶藨子科

原归虎耳草科，据 APG 调整。落叶灌木，小枝暗灰色或灰色，皮条状剥离，幼枝棕褐色至红褐色，无毛，无刺。花单性，雌雄异株，排成直立短总状花序。果实球形或倒卵球形，熟时红色，无毛。果序通常斜向上伸、平展或向下倾斜，但一般不直接下垂。花萼宿存，口部内敛。

长白茶藨子的果实。

草本威灵仙

Veronicastrum sibiricum

车前科

原归玄参科，据 APG 调整。草本威灵仙又名轮叶婆婆纳，但此轮叶婆婆纳并非中国志记载的 *Veronica spuria*，后者产于新疆并已被 FOC 修订为轮叶穗花（*Pseudolysimachion spurium*）。茎高 50~160 厘米，直立，一般不分枝。叶 3~4 枚轮生，叶片长椭圆形至披针形，边缘具狭三角状尖齿。总状花序长穗状，复出，集成圆锥状。

尾叶香茶菜

Isodon excisus

唇形科

学名据 FOC,《中国植物志》曾视其为 *Rabdosia excisa*。别名龟叶草、高丽花、野苏子。多年生草本。根茎粗大,木质。茎下部半木质化,中下部暗紫红色。茎叶对生,圆形或圆状卵圆形,先端两侧深凹,前端有一尾状长尖,基部渐狭至中肋。圆锥花序顶生或于上部叶腋内腋生,由 2~5 花的聚伞花序组成。花萼钟形,萼齿 5,上唇较短具 3 齿,下唇稍长具 2 齿。花冠淡紫、紫或蓝色。尾叶深凹细长变尖明显区别于香茶菜属其他植物。

尾叶香茶菜，叶的上面与下
面。茎具棱。

叶末端有一个较长的顶齿，呈尾状。它是鉴定此种的重要特征。

尾叶香茶菜，叶尖端上面与下面。

滑雪场雪道上接收阳光较多的尾叶香茶菜，叶被晒红。

尾叶香茶菜的花序。

尾叶香茶菜，蜘蛛左侧的腿正把"尾叶"翻转过来，这个"小尖儿"是鉴定此物种的关键。

山菠菜

Prunella asiatica

唇形科

夏枯草属植物，在东北也叫夏枯草。茎直立。叶对生，具锯齿或几近全缘。轮伞花序，聚集成卵状或卵圆状穗状花序。苞片宽大，膜质，具脉，覆瓦状排列。花梗极短或无。花萼管状钟形，花冠淡紫色，冠檐二唇形。到了夏季，整株枯萎。

野芝麻

Lamium barbatum

唇形科

多年生草本。有较长的地下匍匐枝。茎单生，直立，四棱形，中空，几无毛。茎下部的叶卵圆形或心形，茎上部的叶卵圆状披针形，较茎下部的叶为长而狭。叶草质，两面均被短硬毛。轮伞花序，着生于叶腋。花冠白或浅黄色。

风车草

Clinopodium urticifolium

唇形科

多年生直立草本，根茎木质。茎钝四棱形，具细条纹，坚硬，基部半木质化，带紫红色，疏被向下的短硬毛，沿棱及节上较密被向下的短硬毛。叶卵状长圆形至卵状披针形，边缘锯齿状，坚纸质。轮伞花序多花密集，半球形。总花梗长3~5毫米，分枝多数。花萼狭管状。花冠紫红色，冠檐二唇形，上唇直伸，先端微缺，下唇3裂，中裂片稍大。

风车草，背景是败酱（*Patrinia scabiosifolia*，种加词写法据 FOC）。

大花益母草

Leonurus macranthus

唇形科

多年生草本。根茎木质。茎直立，高60~120厘米，单一，一般不分枝，茎、枝均钝四棱形。叶形变化很大，最下部茎叶心状圆形，3裂。叶草质或坚纸质，正面绿色，背面淡绿色，两面均疏被短硬毛。茎中部叶通常卵圆形，先端锐尖。花序上的苞叶变小，卵圆形或卵圆状披针形，先端长渐尖，边缘具不等大的锯齿，或为深裂，或近于全缘。轮伞花序腋生，无梗。花萼管状钟形。花冠淡红或淡红紫色。

大花益母草，正在开花。上
部叶不裂。

益母草

Leonurus japonicus

唇形科

学名据FOC。《中国植物志》视其为 *Leonurus artemisia*。一年生或二年生草本。茎直立，钝四棱形，微具槽，多分枝。叶轮廓变化很大，茎中部叶轮廓为菱形，通常3裂，基部狭楔形。轮伞花序腋生。

在野外，益母草与细叶益母草叶的形状近乎连续改变。

活血丹

Glechoma longituba

唇形科

多年生草本，具匍匐茎。茎高 10~30 厘米，四棱形，基部通常淡紫红色，几无毛。叶草质，下部叶较小，叶片心形或近肾形。上部叶稍大，心形，边缘具圆齿或粗锯齿状圆齿。叶下面常带紫色。轮伞花序通常 2 花。花冠淡蓝、蓝至紫色。

活血丹，匍匐茎密集覆盖住
地表。

荨麻叶龙头草

Meehania urticifolia

唇形科

多年生草本，丛生，直立。茎细弱，不分枝，幼嫩部分通常被长柔毛或倒生的长柔毛。顶端无花的茎，常伸出细长柔软的匍匐茎，逐节生根。叶心形，边缘有锯齿或圆锯齿，两面被疏柔毛。轮伞花序，稀成对组成顶生假总状花序。花冠淡蓝紫色至紫红色，上下唇内面被长柔毛。

荨麻叶龙头草，丛生的幼苗。

这种野花在吉林省的林地里数量极大，是林下的典型植物。模式标本采自日本。

荨麻叶龙头草，花侧视图。

荨麻叶龙头草，花正视图。

藿香

Agastache rugosa

唇形科

别名把蒿、猫巴蒿、八蒿。多年生草本。茎直立，具四棱。叶纸质，心状卵形至长圆状披针形，先端尾状长渐尖，基部心形，边缘具粗齿。轮伞花序多花，在主茎或侧枝上组成顶生密集的圆筒形穗状花序。花冠淡紫蓝色。野菜、调味料。C 索道下部有大片分布。

灯芯草

Juncus effusus

灯芯草科

《中国植物志》写作灯心草。多年生草本，高50~95厘米。茎丛生，直立，圆柱形，淡绿色，具纵条纹，直径1~4毫米，茎内充满白色的髓心。叶全部为低出叶，呈鞘状或鳞片状，包围在茎的基部，基部红褐至黑褐色。聚伞花序假侧生，含多花，排列紧密或疏散。花淡绿色。蒴果长圆形或卵形。茎内白色髓心可作灯芯，也可入药。

灯芯草，聚伞花序假侧生。

朝鲜槐

Maackia amurensis

豆科

　　别名山槐、高丽明子、高丽槐。落叶乔木，高可达十余米，多分枝。树皮薄片剥裂。枝紫褐色，有褐色皮孔。羽状复叶，小叶 3~5 对，对生或近对生，纸质，卵形或长卵形，幼叶两面密被灰白色毛，后脱落。总状花序 3~4 个集生。花冠白色。荚果扁平。大青山各个海拔高度均有生长，数量多，是这里的特色本土植物。可用于绿化。

朝鲜槐。上图：幼叶密被灰
白色毛。下图：荚果密集、
下垂。

朝鲜槐，叶与果序。

中等粗细的朝鲜槐树干是制作冰尜（gá）的好材料。木材的中心有较软的髓心，正好可以嵌入钢珠（可由废旧轴承上得到）。冰尜即冰陀螺。在顶部和立面手绘上各种花纹，用鞭子抽打，冰陀螺在冰上高速旋转、移动，花纹十分好看。

朝鲜槐，树皮薄片剥裂。

紫穗槐

Amorpha fruticosa

豆科

落叶灌木，丛生。小枝灰褐色，被疏毛，后变无毛。叶互生，奇数羽状复叶。穗状花序常1至数个顶生和枝端腋生。旗瓣心形，紫色，无翼瓣和龙骨瓣。荚果下垂。原产于美国东部，在我国是一种安全物种。一年生枝条可编制土篮、筐篓，也可用作建筑材料。耐贫瘠、耐水湿还能固氮。适合滑雪场在雪道上广泛种植，起固土防洪作用。秋季可以把当年生枝条全部割除，第二年由根部发出的新苗更加茁壮。雪场东侧下部及水库东南部已有一定分布，宜用种子再多种植。

一年长的枝条非常适合编筐、编土篮等农具，也可用作建筑材料，而多年长的枝条则用处不大。因此最好每年秋季把枝条全部割掉，等来年全部重发。种植此植物宜一簇一簇地整齐排列，便于管理、收割，也不容易让地表尖锐的条茬儿伤到脚和腿。

紫穗槐的种子。

野大豆

Glycine soja

豆科

一年生缠绕草本，右旋。茎、小枝纤细，全体疏被褐色长硬毛。叶具3小叶，顶生小叶卵圆形或卵状披针形。总状花序通常短。花小，花冠淡红紫色或白色，旗瓣近圆形，先端微凹。荚果长圆形，稍弯，密被长硬毛，干时易裂。

早春时节，上一年留下的缠绕在李属植物树枝上的干枯野大豆藤，具右手性。豆荚早期开裂、卷曲。

两型豆

Amphicarpaea bracteata subsp.

edgeworthii

豆科

　　一年生缠绕草本，右旋。叶具3小叶。花二型。生在茎上部的为正常花，短总状花序，花冠淡紫色或白色。另外一种生于下部，为闭锁花，无花瓣，柱头弯至与花药接触，子房伸入地下结实。荚果二型。生于茎上部的完全花所结荚果为长圆形或倒卵状长圆形，种子2~3颗。由闭锁花伸入地下结的荚果呈椭圆形或近球形，不开裂，含一粒种子。

两型豆。叶的下面与茎上部
的正常花。

广布野豌豆

Vicia cracca

豆科

多年生草本。茎攀援或蔓生，有棱。偶数羽状复叶，叶轴顶端卷须有 2~3 分支。总状花序与叶轴近等长，花 10~40 朵密集生于总花序轴上部。花冠紫色、蓝紫色。

胡枝子

Lespedeza bicolor

豆科

直立灌木，高 1~3 米，多分枝，细枝微下垂。羽状复叶具 3 小叶。小叶全缘，上面绿色，无毛，下面色淡，被疏柔毛。总状花序腋生，长于叶，常构成大型、较疏松的圆锥花序。花冠红紫色。可用作绿化。

胡枝子也称杏条、星条，记忆中它是上等烧柴，火力较猛。过年煮饺子，一定要用它来烧火。一年生和二年生的枝条劈开来可用来编制精美的筐、篓。

绒毛胡枝子

Lespedeza tomentosa

豆科

灌木，高1米左右。全株密被黄褐色绒毛。羽状复叶具3小叶。小叶质厚，椭圆形或卵状长圆形，先端钝或微心形，边缘稍反卷，上面被短伏毛，下面密被黄褐色绒毛或柔毛。总状花序顶生或于茎上部腋生。花冠黄色或黄白色。

野火球

Trifolium lupinaster

豆科

多年生草本。茎直立或斜升，单生。掌状复叶，通常小叶5枚。托叶膜质，大部分抱茎呈鞘状，先端离生部分披针状三角形。叶柄几全部与托叶合生。小叶披针形至线状长圆形，先端锐尖，基部狭楔形，中脉在下面隆起，被柔毛。头状花序着生顶端和上部叶腋。花冠淡红色至紫红色。龙骨瓣长圆形，比翼瓣短。

豆茶决明

Senna nomame

豆科

　　学名据FOC，《中国植物志》曾视其为 *Cassia nomame*。一年生草本，稍有毛，分枝或不分枝。叶长4~8厘米，有小叶8~28对，在叶柄的上端有腺体1枚。花生于叶腋，有柄，单生或2至数朵组成短的总状花序。花瓣5，黄色。种子扁，近菱形，光亮。

兴安杜鹃

Rhododendron dauricum

杜鹃花科

别名达子香、映山红。半常绿灌木，高1~2米，分枝多。幼枝细而弯曲，被柔毛和鳞片。叶片近革质，椭圆形或长圆形，两端钝，有时基部宽楔形，全缘或有细钝齿，正面深绿，散生鳞片，背面淡绿，密被鳞片。花序腋生枝顶或假顶生，1~4花，先叶开放，伞形着生。花萼长不及1毫米，5裂，密被鳞片。花冠宽漏斗状，粉红色或紫红色。雄蕊10，短于花冠，花药紫红色，花丝下部有柔毛。喜欢生长于通风山脊或山坡处。

近些年东北的兴安杜鹃和迎红杜鹃等惨遭破坏。在温暖的室内把枝条插入水中，花芽可以开花。于是有人在冬季把山上的野生枝条大量割下，廉价出售。这种买卖不可持续，用不了几年，山上的杜鹃花将不复存在。必须严格禁止这种贸易。

水金凤

Impatiens noli-tangere

凤仙花科

一年生草本。茎较粗壮，肉质，直立，无毛，上部多分枝，下部节常膨大。叶互生。叶片卵形或卵状椭圆形，边缘有粗圆齿，上面深绿色，下面灰绿色。总状花序。花黄色。唇瓣宽漏斗状，喉部散生橙红色斑点，基部渐狭成为向下弯曲的细距。

野黍

Eriochloa villosa

禾本科

一年生草本。秆直立，基部分枝，稍倾斜，高30~100厘米。叶舌具纤毛；叶片扁平，表面具微毛，下面光滑。圆锥花序狭长，由4~8枚总状花序组成。总状花序密生柔毛，常排列于主轴之一侧；小穗卵状椭圆形。种子可食用。

金色狗尾草

Setaria glauca

禾本科

一年生草本。秆直立，近地面节可生根，光滑无毛。叶鞘下部扁压具脊，上部圆形，光滑无毛。叶舌一圈有纤毛，叶片线状披针形或狭披针形。圆锥花序紧密呈圆柱状或狭圆锥状，直立，主轴具短细柔毛，刚毛金黄色或稍带褐色。

大狗尾草

Setaria faberi

禾本科

学名据 FOC。《中国植物志》把学名写作 *Setaria faberii*。一年生草本。秆粗壮而高大，高 50~120 厘米。叶鞘松弛，边缘具细纤毛。叶舌具密集纤毛。叶片线状披针形。圆锥花序紧缩呈圆柱状，长 5~24 厘米，宽 6~13 毫米，通常弯曲后下垂。

芒

Miscanthus sinensis

禾本科

　　别名苦房草。多年生苇状草本。高1~2米，无毛或在花序以下疏生柔毛。叶舌膜质，顶端及其后面具纤毛。叶片线形，长20~50厘米，宽6~10毫米，下面疏生柔毛及被白粉，有多道条纹，边缘粗糙。圆锥花序直立，长15~40厘米；分枝较粗硬，直立，不再分枝或基部分枝具第二次分枝。小穗披针形，黄色有光泽，光滑无毛。叶鞘下部扁压具脊，上部圆形，光滑无毛。叶舌一圈有纤毛，叶片线状披针形或狭披针形。圆锥花序紧密呈圆柱状或狭圆锥状，直立，主轴具短细柔毛，刚毛金黄色或稍带褐色。

芒，叶和秆的中部。

当然，不会自然长成这个样子。我随便掐了几片叶，编成席状。

芒的叶片，触摸起来表面粗糙，边缘易割手。

看麦娘

Alopecurus aequalis

禾本科

一年生。丛生，细瘦，光滑，节处常膝曲。叶鞘光滑，短于节间。叶舌膜质。叶片扁平。圆锥花序圆柱状，灰绿色，长2~7厘米，宽3~6毫米。小穗椭圆形或卵状长圆形。花药橙黄色。

大拂子茅

Calamagrostis macrolepis

禾本科

多年生。秆直立，较粗壮，高 90~120 厘米，具 4~5 节。叶鞘平滑无毛。叶舌纸质成厚膜质。叶片长 15~40 厘米，扁平或边缘内卷，上面和边缘稍粗糙，下面平滑。圆锥花序紧密，披针形，有间断。

假梯牧草

Phleum phleoides

禾本科

多年生。具短的根茎。
秆丛生,直立,高15~75厘米,
具3~4节。叶鞘松弛,大都
短于节间,光滑。叶舌膜质。
叶片扁平,上面及边缘粗糙。
圆锥花序窄圆柱形,紧密,
长10厘米左右。

大油芒

Spodiopogon sibiricus

禾本科

别名山黄管、苦房草。多年生草本，丛生。秆直立，具5~9节。叶鞘大多长于其节间，鞘口具长柔毛。圆锥花序长10~20厘米，主轴无毛，腋间生柔毛。花序分枝近轮生。

大油芒，花序和茎、叶。

粟草

Milium effusum

禾本科

多年生。秆无毛。叶鞘
松弛。叶片条状披针形，质
软而薄，平滑，边缘微粗
糙，上面鲜绿色，下面灰绿
色。圆锥花序疏松开展，长
10–20 厘米，分枝细弱，每
节簇生（假轮生）。小穗椭
圆形，灰绿色或带紫红色。

落新妇

Astilbe chinensis

虎耳草科

多年生草本，高50~100厘米。根状茎暗褐色，粗壮。茎无毛。基生叶为2~3回三出羽状复叶。顶生小叶片菱状椭圆形，侧生小叶片卵形至椭圆形。圆锥花序长8~40厘米。花序轴密被褐色卷曲长柔毛。萼片5。花瓣5，淡紫色至紫红色，线形。蒴果。在东北嫩苗也可作为一种野菜。中药材。

螳螂在落新妇的花序上寻找
猎物。

落新妇，果序和叶的下面。

毛金腰

Chrysosplenium pilosum

虎耳草科

多年生草本。不育枝出自茎基部叶腋，密被褐色柔毛，其叶对生，叶下面无毛，边缘具褐色睫毛。花茎疏生褐色柔毛。茎生叶对生，扇形，具波状圆齿，基部楔形，两面无毛。叶柄具褐色柔毛。聚伞花序，花序分枝无毛。苞叶近扇形，边缘具 3~5 波状圆齿，两面无毛，疏生白褐色柔毛。

胡桃楸

Juglans mandshurica

胡桃科

别名山核桃、核桃楸。乔木，高达 20 余米。树皮灰色，具浅纵裂。奇数羽状复叶生于萌发条上者长可达 80 厘米。叶柄基部膨大。小叶边缘具细锯齿，上面初被有稀疏短柔毛。雄性葇荑花序长 9~20 厘米，花序轴被短柔毛。雌性穗状花序具 4~10 雌花。果实球状、卵状或椭圆状，顶端尖。果核表面具 8 条纵棱，其中两条较显著，有一个缝合面。

胡桃楸，叶、果序和树皮。

新枝树皮可用于捆绑农作物。叶与果皮可作生物农药。

胡桃楸幼枝、新叶及上一年沿缝合面裂开的果核。

硕桦

Betula costata

桦木科

乔木，高可达 30 余米。树皮黄褐色或暗褐色，层片状剥裂，枝条红褐色，无毛。小枝褐色，密生黄色树脂状腺体。叶厚纸质。果序单生，直立或下垂。小坚果倒卵形。

硕桦大树的树皮。

硕桦小树。

白桦

Betula platyphylla

桦木科

乔木。树皮灰白色，成层剥裂。枝条暗灰色或暗褐色，无毛。小枝暗灰色或褐色，无毛亦无树脂腺体，有时疏被毛和疏生树脂腺体。叶厚纸质，三角状卵形，三角状菱形，三角形，边缘具重锯齿。叶柄细瘦。果序单生，圆柱形或矩圆状圆柱形，通常下垂。

白桦的叶的上面和下面。

白桦的树皮。

黑桦

Betula dahurica

桦木科

乔木。树皮黑褐色，龟裂。枝条红褐色或暗褐色，光亮，无毛。小枝红褐色，疏被长柔毛，密生树脂腺体。叶厚纸质，通常为长卵形，边缘具不规则的锐尖重锯齿，上面无毛，下面密生腺点。果序矩圆状圆柱形，单生，直立或微下垂。

榛

Corylus heterophylla

桦木科

别名榛子。灌木。树皮灰色，枝条暗灰色，无毛，小枝黄褐色。叶的轮廓为矩圆形，基部心形，边缘有重锯齿。雄花序单生，长约4厘米。果单生或2~4枚簇生成头状。坚果近球形。

毛榛

Corylus mandshurica

桦木科

　　别名火榛子。灌木。树皮暗灰色，枝条灰褐色，无毛。小枝黄褐色，被长柔毛。叶宽卵形、矩圆形或倒卵状矩圆形，基部心形，边缘具不规则的粗锯齿。果苞管状，在坚果上部缢缩，较果长2~3倍，外面密被黄色刚毛兼有白色短柔毛，上部浅裂，裂片披针形。

　　小时候经常采这种榛子。外面扎人的柔毛是要对付的大麻烦，不可直接用手摸。

羊乳

Codonopsis lanceolata

桔梗科

别名轮叶党参、羊奶参、山胡萝卜。植株光滑无毛，茎叶偶疏生柔毛。根肉质肥大，呈纺锤状。茎缠绕，以左旋为主，同一株植物也可以右旋。叶在主茎上的互生，披针形或菱状狭卵形，细小。在小枝顶端叶通常2~4叶簇生，而近于对生或轮生状，叶柄短小。花单生或对生于小枝顶端。花冠阔钟状，反卷。花盘肉质，深绿色。蒴果下部半球状，上部有喙。遭受毁灭性采挖，应注意保护。

羊乳在东北通常称山胡萝卜（常把卜读成"贝"）或者沙参。在东北如今已把它当作蔬菜大量种植，松花湖附近就有种植的。价格不贵，甚至有削好皮封装在袋子中出售的，网站上就能买到。我说这些的意思是，不要自己到野地里采挖羊乳了。特别是不要在大青山采挖。新鲜的羊乳根去皮（有多种办法），可炒、炖、腌。炖肉一定要后下锅，时间要短。

羊乳幼苗。左上角为其根，根的照片拍摄于吉林通化市二道江早市。

羊乳，茎缠绕在菊科东风菜上。此图中茎为左手性。其茎也可右旋。

紫斑风铃草

Campanula puncatata

桔梗科

　　多年生草本，全株被刚毛，具细长而横走的根状茎。茎直立，粗壮，高 30~100 厘米，通常在上部分枝。基生叶具长柄，叶片心状卵形。茎生叶下部的有带翅的长柄，上部的无柄，边缘具不整齐钝齿。花顶生于主茎及分枝顶端，下垂。花萼裂片长三角形，裂片间有一个卵形至卵状披针形而反折的附属物，它的边缘有芒状长刺毛。花冠白色。蒴果半球状倒锥形，脉明显。

牧根草

Asyneuma japonicum

桔梗科

常生于林下。根肉质，胡萝卜状，直径达 1.5 厘米，长可达 20 厘米。茎直立，一般不分枝。茎下部的叶有长柄，上部的叶近无柄，下部叶卵形或卵圆形，上部叶披针形或卵状披针形。花萼筒部球状，裂片条形。花冠紫蓝色或蓝紫色，裂片细长。蒴果球状。

牧根草。

牧根草的花和果。虚化背景
中的黄色是败酱的黄花。

展枝沙参

Adenophora divaricata

桔梗科

　　多年生草本。茎直立。茎生叶 3~4 片轮生，叶边缘具锐锯齿。圆锥花序塔状，分枝部分轮生，上部互生。花萼无毛。花冠蓝紫色，钟状，口部不收缩。花柱与花冠近等长。

轮叶沙参

Adenophora tetraphylla

桔梗科

别名四叶菜。茎高大，不分枝，嫩苗的茎有毛。茎生叶 3~6 枚轮生，无柄或有不明显叶柄，叶片卵圆形至条状披针形，边缘有锯齿，两面疏生短柔毛。花序狭圆锥状聚伞花序，花序分枝大多轮生。花萼无毛，筒部倒圆锥状，裂片钻状。花冠筒状细钟形，蓝色、蓝紫色，裂片三角形。

轮叶沙参的花序。

荠苨

Adenophora trachelioides

桔梗科

茎单生，无毛，常多少呈"之"字形曲折，有时具分枝。叶互生，具柄。叶片心状卵形，边缘为单锯齿或重锯齿。圆锥花序，分枝几乎平展，一般倾斜，花在枝的一侧下垂。花冠钟状，蓝色、蓝紫色，钟状，浅裂。花柱略长于花冠。

荠苨的花和果，茎呈"之"字形。

球果堇菜

Viola collina

堇菜科

多年生草本。根状茎粗而肥厚，具结节，黄褐色。叶基生，呈莲座状。叶片宽卵形或近圆形，基部心形，边缘具浅而钝的锯齿，两面密生白色短柔毛。叶柄具狭翅。蒴果球形，密被白色柔毛，成熟时果梗通常向下方弯曲。

球果堇菜的根与蒴果。

辽椴

Tilia mandshurica

锦葵科

原归椴树科，据 APG III 调整。别名糠椴、大叶椴。乔木，树皮暗灰色；嫩枝被灰白色星状茸毛，顶芽有茸毛。叶相对较厚，下面粗糙，卵圆形，长 8~10 厘米，宽 7~9 厘米，先端短尖，基部斜心形或截形。叶上面无毛，下面密被灰色星状茸毛。叶柄长 2~5 厘米，圆柱形，较粗大，初时有茸毛，很快变秃净。聚伞花序，有花 6~12 朵。果实球形，有5 条不明显的棱。以叶大、叶厚、叶下面被毛、叶柄粗等特征易区别于紫椴（*Tilia amurensis*）。

辽椴幼叶上面。

辽椴树干。

辽椴大树的树皮及成熟叶的
下面。

紫椴

Tilia amurensis

锦葵科

原归椴树科，据 APG III
调整。乔木，树皮暗灰色，
片状脱落。上部树枝的树皮
光滑并呈紫色。顶芽无毛，
有鳞苞 3 片。叶纸质，较薄，
阔卵形或卵圆形，先端急尖
或渐尖，基部心形，边缘有
锯齿。叶上面无毛，下面浅
绿色。聚伞花序长 3~5 厘米，
纤细，无毛，有花 3~20 朵。
子房有毛，果实卵圆形，长
5~8 毫米，被星状茸毛。

紫椴，新生枝叶上面。

枝条上有一只尺蛾幼虫。

紫椴，新生枝叶的下面。

紫椴的果序。叶的轮廓已经
变得相对卵圆。

难道是奇迹？大自然从来不缺少奇迹。紫椴的果序被风吹落，恰好碰到豆科胡枝子的树杈上，一串一串码起来。这一切好像是人为的，其实完全是大自然所为。不过，笔者也是第一次见到这种情况。

滑雪场中央的一株紫椴大树。

紫椴的树皮。上图为老树，下图为幼树。

黄海棠

Hypericum ascyron

金丝桃科

原归藤黄科，据 APG III 调整。别名山辣椒、大叶金丝桃、八宝茶、红旱莲。多年生草本。茎直立，不分枝或上部具分枝。茎及枝条幼时具 4 棱。叶对生，无柄。花序具 1~35 花，顶生，近伞房状至狭圆锥状。萼片卵形或披针形，全缘。花瓣金黄色，弯曲。子房宽卵珠形至狭卵珠状三角形。花柱 5。蒴果卵珠形或卵珠状三角形。

黄海棠，幼苗和花的下面。

银线草

Chloranthus japonicus

金粟兰科

别名灯笼花、四块瓦。多年生草本，高20~40厘米。茎直立，单生或数个丛生，不分枝，下部节上对生2片鳞状叶。叶对生，通常4片生于茎顶，成假轮生，纸质。穗状花序单一，顶生。核果近球形。全株可供药用。

银线草幼苗。

上图：银线草叶的下面；

下图：丛生的银线草。

费菜

Phedimus aizoon

景天科

《中国植物志》视其为 *Sedum aizoon*。多年生草本。根肉质。叶互生，狭披针形、椭圆状披针形，边缘有不整齐的锯齿。叶近革质。聚伞花序，水平分枝，平展。萼片5；花瓣5，黄色。

费菜的果序和蓇葖。

牛蒡

Arctium lappa

菊科

别名大力子。二年生草本，具粗大的肉质直根。茎直立，高 1~2 米，粗壮。基生叶宽卵形，长达 30 厘米，宽达 21 厘米，两面异色，上面绿色，有稀疏的短糙毛及黄色小腺点，下面灰白色或淡绿色，被薄绒毛或绒毛稀疏。头状花序多数，在茎枝顶端排成疏松的伞房花序或圆锥状伞房花序，花序梗粗壮。瘦果和根入药，根可作蔬菜食用。

牛蒡的茎和总苞。苞片顶端
有软骨质钩刺。在野外采集
种子时可利用钩刺把摘下的
各个总苞黏在一起，回到家
里再把种子一一取出。

翼柄翅果菊

Lactuca triangulata

菊科

学名据 FOC，《中国植物志》曾视其为 *Pterocypsela triangulata*。二年生草本。茎直立单生，粗壮。中下部茎叶三角状戟形、宽卵形、宽卵状心形，边缘有大小不等的三角形锯齿，叶柄有狭或宽翼，柄基扩大或稍扩大，耳状半抱茎。向上的茎叶变小。状花序多数，沿茎枝顶端排列成圆锥花序。舌状黄色。折断鲜嫩的茎，会迅速冒出白浆。

刚刚长出花序的翼柄翅果菊。

翼柄翅果菊茎上部的叶。

翼柄翅果菊的花序和花。

苍术

Atractylodes lancea

菊科

多年生草本。根状茎平卧或斜升，粗长或通常呈疙瘩状。茎直立，高20~90厘米，常簇生，全部茎枝被稀疏的蛛丝状毛。中下部茎叶羽状深裂或半裂，几无柄，扩大半抱茎。中部以上茎叶不分裂。头状花序单生茎枝顶端。苞叶针刺状羽状全裂或深裂。早春长出的嫩苗折断会冒出乳胶一样的黏液。东北知名野菜。

兔儿伞

Syneilesis aconitifolia

菊科

多年生草本。茎直立，紫褐色，无毛，具纵肋，不分枝。叶通常 2，下部叶具长柄，叶片盾状圆形，掌状分裂。嫩叶被密蛛丝状绒毛，后开展成伞状。头状花序多数，在茎端密集成复伞房状。花冠淡粉白色。

兔儿伞，从下面看其叶。

山马兰

Aster lautureanus

菊科

学名据 FOC,《中国植物志》曾视其为 *Kalimeris lautureana*。多年生草本,高50~100 厘米。茎直立,单生或 2~3 个簇生,具沟纹,上部分枝。叶厚近革质。中部叶披针形或矩圆状披针形,无柄,有疏齿或羽状浅裂。分枝上的叶条状披针形,全缘。头状花序单生于分枝顶端。舌状花淡蓝色。一般可通过茎中部的叶的分裂程度区分于全叶马兰、蒙古马兰。

花瓣上有一只树蟋,可能是长瓣树蟋。

山马兰，茎上部的叶与花的
下面。

山马兰，茎上不同部位的叶。

美花风毛菊

Saussurea pulchella

菊科

别名球花风毛菊。多年
生草本，高 70~110 厘米。
茎直立，上部有伞房状分枝。
基生叶有叶柄，叶片长圆形
或椭圆形，羽状深裂或全裂。
下部与中部茎叶与基生叶同
形并等样分裂；上部茎叶小，
披针形或线形。头状花序多
数，在茎枝顶端排成伞房花
序或伞房圆锥花序。总苞球
形或球状钟形。总苞片 6~7
层，顶端有圆形膜质附片，
附片边缘有锯齿。

美花风毛菊，花序侧视图。

美花风毛菊的茎和叶。

东风菜

Aster scaber

菊科

　　学名据 FOC，《中国植物志》把学名写作 *Doellingeria scaber*。根状茎粗壮。茎直立，高 100~150 厘米。茎下部叶大，有长柄。中部叶较小，卵状三角形，基部圆形或稍截形，有具翅的短柄。上部叶小，矩圆披针形或条形。全部叶两面被微糙毛。头状花序，圆锥伞房状排列，有花 30~150 朵。

东风菜，花序顶视图。

东风菜的叶。

大叶风毛菊

Saussurea grandifolia

菊科

多年生草本，高 35~120
厘米。茎直立，被稀疏糙毛
或几无毛，上部伞房花序状
或圆锥花序状分枝。基生叶
花期脱落。下部及中部茎叶
有叶柄，柄长 3~9 厘米，叶
片三角形，边缘有粗锯齿。
上部茎叶渐小，有短叶柄或
几无叶柄。全部叶质地坚硬，
两面绿色。头状花序 3~18 个，
在茎枝顶端排列成伞房花序
或圆锥花序。总苞钟状，质
地薄，顶端钝，顶端及边缘
被白色蛛丝毛。小花暗红色。

大叶风毛菊的茎和叶。圆圈
中显示的是叶的下面。

大叶风毛菊，花序顶视图。

大叶风毛菊，花序侧视图。

盘果菊

Nabalus tatarinowii

菊科

　　学 名 据 FOC，《 中 国
植 物 志 》 曾 视 其 为 福 王 草
（ *Prenanthes tatarinowii* ）。 多
年生草本。茎直立，单生，
上部圆锥状花序分枝。中下
部茎叶羽裂或不裂，心形或
卵状心形。全部叶两面被稀
疏的膜片短刚毛。头状花序，
花多数，沿茎枝排成疏松的
圆锥状花序或少数沿茎排列
成总状花序。总苞片 3 层，
卵形或长卵形。舌状小花黄
色，舌片顶端截形，5 齿裂。
花柱分枝细长。

豚草

Ambrosia artemisiifolia

菊科

一年生草本，高 50~150 厘米。茎直立，有棱，上部有圆锥状分枝，被疏生密糙毛。下部叶具短叶，二次羽状分裂，裂片狭小，长圆形至倒披针形，全缘，有明显的中脉，上面深绿色，被细短伏毛或近无毛，背面灰绿色，被密短糙毛。上部叶互生，无柄，羽状分裂。头状花序，花冠淡黄色。原产于北美，先侵入中国长江流域，现在扩散到东北全境。这种恶性入侵杂草破坏东北的生物多样性，在尚未开花时宜采用物理办法清除。

豚草小苗。这时用手拔除、销毁比较合适。吉林松花湖一带道路两旁、田埂、开阔坡地上几乎到处可见，在大青山滑雪场所有雪道上都有分布。

豚草的花序。植株能产生大量种子，入侵速度极快。

和尚菜

Adenocaulon himalaicum

菊科

根状茎匍匐。茎直立，高30~100厘米，中部以上分枝，被蛛丝状绒毛。下部茎叶肾形或圆肾形，基部心形，顶端急尖或钝，边缘有不等形的波状大牙齿，齿端有突尖。叶上面沿脉被尘状柔毛，下面密被蛛丝状毛。中部茎叶三角状圆形。最上部的叶披针形或线状披针形。头状花序排成狭或宽大的圆锥状花序，花梗短。总苞半球形。雌花白色，两性花淡白色。瘦果棍棒状，被腺毛。

和尚菜的分枝与果序。

高山蓍

Achillea alpina

菊科

多年生草本，具短的根状茎。茎直立，高 30~100厘米，被疏或密的伏柔毛，中部以上叶腋常有不育枝，仅在花序或上半部有分枝。叶无柄，条状披针形，篦齿状羽状浅裂至深裂，基部裂片抱茎。头状花序多数，集成伞房状。舌状花白色。

高山蓍的花序。

紫菀

Aster tataricus

菊科

多年生草本。茎直立，高40~120厘米，粗壮。基部叶长圆状或椭圆状匙形，下半部渐狭成长柄，连柄长20~50厘米。下部叶匙状长圆形。中部叶长圆形或长圆披针形，无柄，全缘或有浅齿。上部叶狭小。全部叶厚纸质，上面被短糙毛，下面被稍疏的但沿脉被较密的短粗毛。复伞房状花序。总苞半球形，总苞片3层。舌状花约20余个，舌片蓝紫色。此图为未开花时的紫菀，周围有大量入侵的豚草。

正在开花的紫菀。

紫菀，植株整体结构。

屋根草

Crepis tectorum
菊科

一年生或二年生草本。茎直立，高30~120厘米，自基部或自中部伞房花序状或伞房圆锥花序状分枝，分枝多数，斜升，全部茎枝被白色的蛛丝状短柔毛。基生叶及下部茎叶披针状线形、披针形或倒披针形。中部茎叶与基生叶及下部茎叶同形或线形，分裂或不裂，无柄。头状花序多数或少数，在茎枝顶端排成伞房花序或伞房圆锥花序。舌状花黄色。

蹄叶橐吾

Ligularia fischeri
菊科

多年生草本。根肉质，黑褐色。茎高大，直立，高80~200厘米，上部及花序被黄褐色短柔毛，下部光滑。丛生叶与茎下部叶具长柄，光滑，基部鞘状，叶片肾形，长10~30厘米，宽13~40厘米，先端圆形，边缘有整齐的锯齿。茎中上部叶具短柄，鞘膨大。总状花序长25~80厘米。总苞钟形，总苞片2层。舌状花黄色。此图为蹄叶橐吾巨大的基生叶，中间刚刚冒出嫩茎及未来的花序。

蹄叶橐吾。正在茁壮生长的
上部茎和花序。

蹄叶橐吾的花序。

大丁草

Gerbera anandria
菊科

    多年生草本，具春秋二型。春型者，春季开花，秋型者秋季开花。叶基生，莲座状，于花期全部发育，叶片形状多变，通常为倒披针形或倒卵状长圆形。叶柄被白色绵毛。花葶单生或数个丛生，直立。头状花序单生于花葶之顶。总苞片约3层，带紫红色，背部被绵毛。秋型者花葶较长，叶片也相对大些。此图为春型的花，2017年5月1日拍摄。

大丁草秋型的叶和花葶，花
尚未开放。

山尖子

Parasenecio hastatus
菊科

　　多年生草本。茎坚硬，直立，高40~150厘米，空心，不分枝，具纵沟棱，下面无毛或近无毛，上面被密腺状短柔毛。茎中部叶片三角状戟形，上面绿色，无毛或被疏短毛，下面淡绿色，被密或较密的柔毛。茎上部叶渐小。头状花序多数，下垂。花冠淡白色。花药伸出花冠。嫩苗可作野菜。

山尖子的花序和茎中部的叶。

山柳菊

Hieracium umbellatum
菊科

多年生草本。茎直立，下部常淡红紫色，上部伞房花序状或伞房圆锥花序状分枝。基生叶及下部茎叶花期脱落，中上部茎叶多数，互生，无柄，披针形至狭线形，基部狭楔形，顶端急尖或短渐尖，边缘全缘、几全缘或边缘有稀疏的尖犬齿。头状花序在茎枝顶端排成伞房花序或伞房圆锥花序。总苞黑绿色，钟状。舌状小花黄色。

开花前的山柳菊。

山柳菊，花序的上面与下面。

林泽兰

Eupatorium lindleyanum
菊科

多年生草本，茎直立，下部及中部红色或淡紫红色。茎上部伞房状花序分枝。茎枝被稠密的白色长或短柔毛。中部茎叶长椭圆状披针形或线状披针形，不分裂或三全裂，质厚，基部楔形，顶端急尖，三出基脉，两面粗糙。头状花序多数在茎顶或枝端排成紧密的伞房花序或排成大型的复伞房花序。花白色、粉红色或淡紫红色。

旋覆花

Inula japonica
菊科

　　多年生草本。茎单生或簇生，直立，上部有开展的分枝。基部叶常较小，在花期枯萎。中部叶长圆形，长圆状披针形或披针形，长4~13厘米，宽1.5~3.5厘米，基部多少狭窄，常有圆形半抱茎的小耳，无柄。头状花序，排列成疏散的伞房花序。舌状花黄色。

　　花上有一只孔雀蛱蝶。眼状斑纹是用来吓唬捕食者的。

旋覆花与入侵恶性杂草豚草
（*Ambrosia artemisiifolia*）长在
一起，一定程度上能够抑制
豚草。

烟管蓟

Cirsium pendulum
菊科

别名老牛锉。多年生草本。茎直立，粗壮，上部分枝，茎枝有条棱。基生叶及下部茎叶长椭圆形、偏斜椭圆形，不规则二回羽状分裂，边缘有针刺。叶两面同色。头状花序下垂，在茎枝顶端排成总状圆锥花序。小花紫色或红色。

烟管蓟的花序。

茵陈蒿

Artemisia capillaris
菊科

别名撝梨蒿子、茵陈、绵茵陈、安吕草。半灌木状草本，植株有香气。主根明显木质。茎少数或单生，红褐色或褐色，有不明显的纵棱，基部木质，上部分枝多，向上斜伸展。茎、枝初时密生灰白色或灰黄色绢质柔毛，后渐稀疏或脱落无毛。营养枝端有密集叶丛，基生叶密集着生，常成莲座状。茎生叶二至三回羽状全裂。头状花序卵球形，常排成复总状花序，并在茎上端组成大型、开展的圆锥花序。中药材，基生嫩叶可食。

宽叶山蒿

Artemisia stolonifera
菊科

多年生草本。茎少数或单生，纵棱明显，上半部具着生头状花序的细短分枝。叶厚纸质，上面暗绿色，下面密生灰白色蛛丝状绒毛。中部叶椭圆状倒卵形、长卵形或卵形，边缘具2~3枚浅裂齿或为深裂齿。头状花序多数，排成穗状花序，在茎上组成狭窄的圆锥花序。

大花金挖耳

Carpesium macrocephalum
菊科

多年生草本。全株极坚韧。茎有纵条纹，中上部分枝。茎下部叶大，柄长，具狭翅。中部叶椭圆形至倒卵状椭圆形，先端锐尖，半抱茎。上部叶长圆状披针形，两端渐狭。头状花序单生于茎端及枝端，开花时下垂。苞叶多枚，椭圆形至披针形，叶状，边缘有锯齿。总苞盘状。花黄色。

天麻

Gastrodia elata
兰科

　　也称赤箭。植株高 100 厘米左右。根状茎肥厚，横卧，地下块茎椭圆形至近哑铃形，肉质，具较密的节，节上被许多三角状宽卵形的鞘。茎直立，橙黄色，无绿叶。总状花序长 5~50 厘米，通常具 20~50 朵花；花苞片长圆状披针形，膜质。花扭转。全株为中药，但请不要在大青山采挖。右下图为人工种植天麻的根状茎（摄于吉林通化的一个早市）。

绶草

Spiranthes sinensis
兰科

植株高 13~30 厘米。茎较短，近基部生 2~5 枚叶。叶片宽线形或宽线状披针形。花茎直立，上部被腺状柔毛至无毛。总状花序具多数密生的花，呈螺旋状扭转。花小，紫红色、粉红色，在花序轴上呈螺旋状排生。生长在潮湿的草地上，在大青山数量较少。

北重楼

Paris verticillata
藜芦科

原归百合科，据 APG
III 调整。根状茎细长，直径
3~5 毫米，黄白色。茎绿白
色，偶尔紫色。叶 5~8 枚轮
生。花梗长 5~10 厘米。外
轮花被片绿色，叶状；内轮
花被片黄绿色，条形。花药
长约 1 厘米，花丝基部稍扁
平。子房近球形，紫褐色。
蒴果浆果状，不开裂。

北重楼的轮生叶。

早春山坡上的北重楼。

毛穗藜芦

Veratrum maackii
藜芦科

原归百合科，据 APG III
调整。植株高 100 厘米左右。
茎较纤细，连叶鞘直径约 1
厘米，被棕褐色、有网眼的
纤维网。叶折扇状，长矩圆
状披针形至狭长矩圆形，长
约 30 厘米，宽 1~8 厘米，
两面无毛。圆锥花序，花多数，
疏生；花被片黑紫色，开展。
蒴果直立。

毛穗藜芦花序的上部分。

萹蓄

Polygonum aviculare
蓼科

　　一年生草本。茎平卧、上升或直立，高 5~50 厘米，自基部多分枝，具纵棱。花单生或数朵簇生于叶腋。花被 5 深裂，花被片绿色，边缘白色或淡红色。瘦果卵形，具 3 棱。全草通经利尿、清热解毒。

巴天酸模

Rumex patientia
蓼科

　　别名洋铁叶子。多年生
草本。根肥厚。茎直立，粗壮，
上部分枝，具深沟槽。基生
叶长圆形或长圆状披针形，
长 15~30 厘米，顶端急尖，
基部圆形或近心形，边缘波
状。叶柄粗壮。花序圆锥状，
大型。花两性。瘦果卵形，
具 3 锐棱，顶端渐尖，褐色，
有光泽。过去农村常用其种
子装枕头。

箭叶蓼

Polygonum sieboldii
蓼科

一年生草本。茎四棱形，无毛，沿棱具倒生皮刺。叶宽披针形或长圆形，顶端急尖，基部箭形，上面绿色，下面淡绿色，两面无毛，下面沿中脉具倒生短皮刺，边缘全缘。叶柄具倒生皮刺。托叶鞘膜质。花序头状，通常成对，顶生或腋生。花白色或淡紫红色。

齿翅蓼

Fallopia dentatoalata
蓼科

一年生草本。茎缠绕，左手性，分枝，无毛，具纵棱。叶卵形或心形，顶端渐尖，基部心形，两面无毛，沿叶脉具小突起，边缘全缘。托叶鞘短。花序总状，腋生或顶生。花被片外面3片，背部具翅，果时增大，翅通常具齿，基部沿花梗明显下延。瘦果椭圆形，具3棱，包于宿存花被内。

红蓼

Polygonum orientale
蓼科

　　别名东方蓼、荭草。一
年生草本。茎直立，粗壮，
上部多分枝，密被开展的长
柔毛。叶宽卵形、宽椭圆形，
顶端渐尖，基部圆形或近心
形。托叶鞘筒状，膜质。总
状花序呈穗状，顶生或腋生。
花淡红色或白色。

山罗花

Melampyrum roseum
列当科

　　原归玄参科，据 APG III 调整。直立草本，茎多分枝，近于四棱形，高20~80厘米。叶片披针形至卵状披针形，顶端渐尖，基部圆钝或楔形。苞叶绿色。花萼钟状，萼齿4枚。花冠筒管状，向上渐变粗，檐部扩大，2唇形，上唇盔状，侧扁，顶端钝，边缘窄而翻卷，下唇稍长，开展，基部有两条皱褶，顶端3裂。花冠紫红色，上唇内面密被须毛。雄蕊4枚，2强，蒴果卵状渐尖。

山罗花，花正视图。

山罗花，花侧视图。

月见草

Oenothera biennis
柳叶菜科

别名山芝麻、夜来香。直立二年生粗壮草本。根肉质，基生莲座叶丛紧贴地面。茎高80~200厘米，一般不分枝。花序穗状。苞片叶状。花瓣黄色，宽倒卵形，先端微凹缺。蒴果锥状圆柱形。原产北美，后传播到世界各地温带与亚热带。根叶可作猪饲料，种子可榨油。

日本人称月见草为待宵草。相应地黄花月见草被叫作大待宵草。

月见草。右下为莲座叶丛，右上为冬季干枯的蒴果。

露珠草

Circaea cordata
柳叶菜科

多年生草本。叶狭卵形
至宽卵形，基部常心形，有
时阔楔形至阔圆形，先端短
渐尖，边缘具锯齿至近全缘。
总状花序顶生，或基部具分
枝。萼片卵形至阔卵形，开
花时反曲。花瓣白色，倒卵
形至阔倒卵形，先端倒心形，
凹缺至一半左右。蒴果，不
开裂，外被硬钩毛。

露珠草，俯视图及仰视图。

笔龙胆

Gentiana zollingeri
龙胆科

一年生草本，高3~6厘米。茎直立，紫红色，光滑。叶卵圆形或卵圆状匙形，先端钝圆或圆形，具小尖头，边缘软骨质。基生叶在花期不枯萎，与茎生叶相似而较小。茎生叶密集，覆瓦状。花多数，单生于小枝顶端，小枝密集呈伞房状。花萼漏斗形，裂片狭三角形或卵状椭圆形，先端急尖，具短小尖头。花冠漏斗形，淡蓝色，外面具黄绿色宽条纹。

笔龙胆，早春时节从枯叶下
钻出来。

笔龙胆，侧视图。

汉城细辛

Asarum sieboldii

马兜铃科

学名据 FOC，《中国植物志》曾视其为一个变型 *Asarum sieboldii* f. *seoulense*。多年生草本。根状茎直立，节间长 1~2 厘米，有多条须根。叶柄基部具紫红色薄膜质芽苞叶。叶片心形或卵状心形，先端渐尖或急尖，基部深心形。叶柄长 8~18 厘米，光滑无毛。花棕色；花梗长 2~4 厘米；花被管钟状，直径 1~1.5 厘米，内壁有疏离纵行脊皱；花被裂片三角状卵形，直立或近平展。

汉城细辛，以花被裂片不反折而区别于 FOC 所述细辛（*Asarum heterotropoides*）。

汉城细辛全株。中药材。

细辛

Asarum beterotropoides
马兜铃科

学名据FOC，《中国植物志》曾视其为辽细辛（*Asarum beterotropoides* var. *mandsburicum*）。根稍肉质，有芳香气。花紫黑色，稀紫绿色。花被管壶状或半球状，直径约1厘米，喉部稍缢缩，内壁有纵行脊皱，花被裂片三角状卵形，由基部向外反折，贴靠于花被管上。

粗根老鹳草

Geranium dahuricum

牻牛儿苗科

多年生草本。茎多数，直立，具棱槽，假二叉状分枝，被疏短伏毛。基生叶和茎下部叶具长柄，密被短伏毛，向上叶柄渐短。叶片掌状7深裂近基部，裂片羽状深裂。花序腋生和顶生，总花梗具2花。花瓣紫红色，长约为萼片的1.5倍，先端圆形，基部楔形，花丝棕色。

宽叶蔓乌头

Aconitum sczukinii
毛茛科

　　块根倒圆锥形。茎缠绕，可左旋也可以右旋，以左旋为主。茎中部叶有短柄。叶片基部心形，三全裂，全裂片具短柄或长柄。中央全裂片菱形或菱状卵形，在中部之下三裂，边缘疏生卵形或三角状卵形粗牙齿，表面疏被紧贴的短柔毛，背面无毛。花序顶生或腋生。花序轴和花梗均密被伸展的柔毛。萼片蓝色。

宽叶蔓乌头，藤蔓上部的叶。

宽叶蔓乌头，上一年留下的
枯藤和蓇葖果。

拟扁果草

Enemion raddeanum

毛茛科

多年生草本。根状茎短而不明显，生多数细长的根。簇生，茎直立，高20~45厘米。基生叶1枚，早落。茎生叶通常仅1枚，一回三出复叶。伞形花序顶生或腋生，有1~8花，无毛。总苞片3，叶状。萼片瓣状5~6枚，白色，顶端微钝。不存在花瓣。雄蕊多数，花药乳白色。花丝白色丝形，上部变宽。

拟扁果草的花序。

拟扁果草，萼片的下面。注意，不存在花瓣。

反萼银莲花

Anemone reflexa
毛茛科

　　株高 20 厘米左右。根状茎横走,近圆柱形。通常无基生叶。叶片近五角形,三全裂,背面绿色或紫红色。伞形花序顶生。花梗 1~3,密被短柔毛;萼片 5 或 7,黄绿色,披针状线形,开花时向下反折。雄蕊长 2~3.5毫米,花药椭圆形,顶端圆形,花丝扁,狭线形。

早春时节，在林下舒缓的坡地上能够轻易欣赏到多种美丽的银莲花属植物，这是东北人的福分。可以预测，会有越来越多的北京人、杭州人、成都人等全国各地的人专程来东北观赏这类植物。银莲花属植物全国有 50 多种，东北约占十分之一。

反萼银莲花，叶的下面。

多被银莲花

Anemone raddeana
毛茛科

别名两头尖（大概根据根的形状）。植株高 10~30 厘米。根状茎横走，圆柱形，长 2~3 厘米。基生叶 1，有长柄。叶片三全裂。萼片 9~15，白色，长圆形或线状长圆形，顶端圆或钝，无毛。花丝丝形；心皮约 30。早春林下著名观赏野花。

多被银莲花。

多被银莲花。

多被银莲花是东北银莲花属中最有代表性的种类。在我国，东北之外，在山东的东北部也有少量分布。周边国家俄罗斯（远东地区）、朝鲜也有分布。此植物的特点是花被片（萼片）洁白、较长、数量不定。多被银莲花在森林中数量颇多，想不遇见它都难。早春树叶未展之时，它几乎是整个森林的焦点、精灵。之后树叶覆盖山坡时，它退出舞台，好像不存在一样。它是多年生植物，下一年又会准时发芽、绽放。应当请诗人为它写一首颂歌。

多被银莲花，花被片的下面。

多被银莲花，花特写。

多被银莲花，布满早春林下的山坡。

黑水银莲花

Anemone amurensis

毛茛科

植株高 20~25 厘米。基生叶 1~2 或不存在，有长柄。叶片三角形，三全裂。叶柄长约 9 厘米。花葶无毛。苞片 3，有柄，三全裂，中全裂片有短柄，卵状菱形，近羽状深裂，边缘有不规则锯齿。萼片 5~9，白色，长圆形或倒卵状长圆形，顶端圆形，无毛。以苞片中间尖和萼片少明显区别于多被银莲花。

黑水银莲花的花葶。萼片数
量少于多被银莲花。

黑水银莲花，苞片的上面。

黑水银莲花。

菟葵

Eranthis stellata
毛茛科

　　根状茎球形。基生叶 1
或不存在。叶片圆肾形，三
全裂。苞片深裂成披针形，
无毛。萼片白色，《中国植
物志》和 FOC 描述为黄色，
不准确。花瓣约 10，漏斗形。
蓇葖果星状展开。

菟葵的花非常漂亮、别致，可惜这一年里我错过了花期，没拍到。在大青山，菟葵不多，仅山顶有少量分布。2018 年我将专程到东北看早春野花，菟葵是目标植物之一。

菟葵，叶的下面。

朝鲜白头翁

Pulsatilla cernua
毛茛科

植株高 22 厘米。根状茎长约达 13 厘米。先花后叶或者近同时。基生叶 4~6，在开花时还未完全发育，有长柄。叶片卵形，长 8 厘米，宽 5 厘米，三全裂。总苞近钟形，裂片线形，背面密被柔毛。萼片紫红色，外面有密柔毛。

白头翁属植物中国共有
11 种，都很漂亮，但朝鲜白
头翁是其中最红者。此属植
物的叶、花冠、宿存花柱都
非常特别，极具观赏价值。
理论上园艺界可好好利用这
种属的植物，而实际上做得
不够。

朝鲜白头翁。右下是上一年
的旧叶。

朝鲜白头翁，总苞裂片线形。

朝鲜白头翁，花柱宿存。

兴安白头翁

Pulsatilla dahurica
毛茛科

　　植株高 25~30 厘米。萼片淡紫色、粉白色，椭圆状卵形，长约 2 厘米，宽 0.5~1 厘米，顶端微钝，外面密被短柔毛。以萼片颜色明显区别于朝鲜白头翁（*Pulsatilla cernua*）和白头翁（*Pulsatilla chinensis*）。

　　右下开黄花的植物为蔷薇科莓叶委陵菜。

兴安白头翁，侧视图。

兴安白头翁，萼片淡紫色。

吉林乌头

Aconitum kirinense
毛茛科

茎高 80~120 厘米，下部疏被伸展的黄色长柔毛，上部被反曲的黄色短柔毛，叶疏生。基生叶约 2 枚，与茎下部叶均具长柄。叶片肾状五角形，3 深裂。茎上部叶变小，小裂片变窄。顶生总状花序长 18~22 厘米。萼片黄白色，外面密被短柔毛。上萼片圆筒形，喙短，下缘稍凹；侧萼片宽倒卵形，边缘疏被长毛；下萼片狭椭圆形。

吉林乌头的基生叶和茎。

吉林乌头的花序。

侧金盏花

Adonis amurensis
毛茛科

　　别名冰凉花、福寿草。多年生草本。根状茎短而粗。茎上有紫色纵条纹，常扭转。茎下部叶有长柄，无毛。叶片正三角形，三全裂，全裂片有长柄，二至三回细裂。萼片约9，下面常带淡灰紫色，长圆形或倒卵形长圆形，与花瓣等长或稍长。花瓣约10，黄色。心皮多数，子房有短柔毛。瘦果倒卵球形，被短柔毛，有短宿存花柱。东北早春最具特色并且分布极广的一种优秀野生观赏植物。

侧金盏花，即将完全开放。4
月下旬到5月上旬，林中遍
地都有。等到树木长出叶子，
遮挡了阳光，就不容易寻到
它的踪迹了。

侧金盏花的瘦果，有宿存的
花柱。

侧金盏花，顶视图。

大青山 C 索道和 D 索道上端平台处的一片侧金盏花。图中下部有伞形科的东北羊角芹（*Aegopodium alpestre*）。

尖萼耧斗菜

Aquilegia oxysepala
毛茛科

多年生草本，根粗壮，外皮黑褐色。茎高40~110厘米，上部多少分枝。基生叶数枚，为二回三出复叶，3浅裂或3深裂。茎生叶数枚，具短柄，向上渐变小。花3~5朵，微下垂。萼片紫色，稍开展。花瓣瓣片黄白色，顶端近截形，距长1.5~2厘米，末端强烈内弯呈钩状。蓇葖长2.5~3厘米；种子黑色。

尖萼楼斗菜，优美野生花卉。
8月初可采集种子，在滑雪
场山坡上大量种植，既能观
花又能固土。

深山毛茛

Ranunculus franchetii
毛茛科

多年生草本，簇生。茎高 15~30 厘米，较柔弱，分枝，近无毛。基生叶有细长的柄，叶片肾形，基部心形，3 深裂不达基部。下部一叶与基生叶相似，叶柄较短。上部叶无柄，叶片 3 全裂，或侧裂片再 2 裂。花单生，花梗细，贴生细柔毛。萼片狭卵形，花瓣 5~7，黄色。主要见于大青山水库上部湿地和 G 索道上部的平坦处。

辣蓼铁线莲

Clematis terniflora var.
mandshurica
毛茛科

　　别名山辣椒秧子。草质
藤本，茎下部半木质化。茎、
小枝有短柔毛，其余无毛或
近无毛。一回羽状复叶，通
常5小叶。基部叶为单叶或
三出复叶。圆锥状聚伞花序
腋生或顶生，多花。萼片通
常4，开展，白色。

辣蓼铁线莲的花。

褐毛铁线莲

Clematis fusca
毛茛科

多年生草本或草质藤本。茎表面暗棕色或紫红色，有纵的棱状凸起及沟纹，节上及幼枝被曲柔毛。羽状复叶，有5~9枚小叶，顶端小叶有时变成卷须。聚伞花序腋生，1~3花。花钟状，下垂。萼片4枚。瘦果扁平，棕色，宽倒卵形。宿存花柱长达3厘米，被开展的黄色柔毛。

唐松草

Thalictrum aquilegifolium var.
sibiricum
毛茛科

　　别名牛伯乐盖儿（牛膝
盖的意思）、猫爪子。植
株全部无毛。茎粗壮，高
60~150 厘米，粗达 1 厘米，
分枝。茎生叶为 3~4 回三出
复叶。小叶草质，三浅裂。
圆锥花序伞房状，有多数密
集的花。萼片白色或外面带
紫色，早落。瘦果倒卵形，
有多条宽纵翅，基部突变狭。
有微毒，嫩苗可作野菜，需
要用开水焯一下，冲洗。

唐松草的花序。

唐松草的瘦果，倒卵形，有
多条宽翅。

升麻

Actaea foetida
毛茛科

用类叶升麻属（*Actaea*）合并原来的升麻属（*Cimicifuga*）。根状茎粗壮，内陷。茎高 150 厘米，微具槽。2~3 回三出状羽状复叶。上部的茎生叶较小，具短柄或无柄。花序具分枝 3~5 条，总状花序。心皮 2~5。蓇葖长圆形，有伏毛，基部渐狭成长 2~3 毫米的柄，顶端有短喙，通常 3 个一簇。9 月开花。为新记录种，《中国植物志》和 FOC 均未提到吉林省有此种分布。

因为以前了解得不够，一开始见到它没有准确认出来。一年当中，每次到大青山我都记得到那个特定的地点（在水库的东南角）看一眼此植物长到什么程度了，等待它开花结果。最终，还是有些遗憾，见到了果，花却错过了！但对于鉴定，收集到的信息已足够。

升麻的花序。

升麻的果序。蓇葖顶端有短喙，柄朝上。

升麻的果序细部。开花较晚，10月1日拍摄，果实仍然不成熟。

兴安升麻

Actaea dahurica
毛茛科

用类叶升麻属（*Actaea*）合并原来的升麻属（*Cimicifuga*）。别名苦龙芽、窟窿牙。《中国植物志》视其为 *Cimicifuga dahurica*。雌雄异株。茎高达110厘米。下部茎生叶为2回或3回三出复叶；叶片三角形，3深裂，基部通常微心形或圆形，边缘有锯齿。茎上部叶较小。花序复总状，雄株花序大，雌株花序稍小。退化雄蕊叉状2深裂，先端有两个乳白色的空花药。

兴安升麻嫩苗。可当野菜食用，味苦。

兴安升麻。幼株和幼叶。

兴安升麻的雄花序。

类叶升麻

Actaea asiatica
毛茛科

　　茎圆柱形，微具纵棱，下部无毛，中部以上被白色短柔毛，不分枝。叶2~3枚，茎下部的叶为3回3出近羽状复叶，具长柄。总状花序长2.5~6厘米。果序长5~17厘米，超出上部叶。果实成熟后紫黑色。

类叶升麻的果序。

软枣猕猴桃

Actinidia arguta
猕猴桃科

　　大型落叶藤本，藤长达7米，右手性。叶膜质，沿主脉左右稍翘起（呈V形），阔椭圆形、阔卵形，边缘具繁密的锐锯齿。叶上面深绿色，无毛，下面绿色。花序腋生或腋外生。花绿白色或黄绿色，芳香。花瓣4~6片。果圆球形至短柱状长圆形，顶端有钝喙。

软枣猕猴桃的果实与右手性的老藤。

软枣猕猴桃的果实。美味野
果，熟后很甜。

软枣猕猴桃未熟透的果实切片。

狗枣猕猴桃

Actinidia kolomikta
猕猴桃科

　　大型落叶藤本。叶纸质或薄纸质，平展，阔卵形、长方卵形至长方倒卵形，基部心形，少数圆形至截形，两侧不对称，边缘有单锯齿或重锯齿，两面近同色。叶的上面往往变为白色、紫红色（叶的下面颜色不变），应当是进化出来吸引昆虫、鸟来传粉的。聚伞花序。花白色或粉红色，芳香。花瓣5片。果柱状长圆形、卵形。

狗枣猕猴桃，刚长出的小
果。以宿萼、叶薄、叶上面
经常一半变色、果实相对小
等特征区别于软枣猕猴桃
（*Actinidia arguta*）。

接近成熟的狗枣猕猴桃果实。

狗枣猕猴桃变色的叶子。只
有叶的上面变色，下面正常。
下图中右侧一叶翻转了一下。

狗枣猕猴桃与未熟透果实切
片。注意有宿存的萼片。

水曲柳

Fraxinus mandschurica
木樨科

落叶大乔木，树皮厚，灰褐色，纵裂。冬芽大，圆锥形。小枝粗壮，黄褐色至灰褐色，四棱形，节膨大，光滑无毛。羽状复叶长25~35厘米，小叶7~13枚，纸质，叶缘具细锯齿。圆锥花序生于去年生枝上，先叶开放。翅果大而扁。东北地区优质木材。

此植物所在的科名，原写作木犀科。

水曲柳叶的上面。

水曲柳从地表树桩上发出的小苗。

林中笔直向上的水曲柳。

水曲柳的树皮。

花曲柳

Fraxinus chinensis subsp.
rhynchophylla
木樨科

别名大叶白蜡树。《中国植物志》视其为 *Fraxinus rhynchophylla*。落叶大乔木，树皮灰褐色，光滑，老时浅裂。树皮上通常有褐色与白色相间的迷彩斑块。冬芽阔卵形，顶端尖，黑褐色，具光泽。羽状复叶。叶轴上面具浅沟，小叶着生处具关节。小叶5~7枚，革质，阔卵形、倒卵形或卵状披针形。圆锥花序顶生或腋生当年生枝梢。

东北蛇葡萄

Ampelopsis glandulosa var.
brevipedunculata
葡萄科

学名据FOC，《中国植物志》曾视其为 *Ampelopsis heterophylla* var. *brevipedunculata*。

木质藤本。小枝圆柱形，有纵棱纹，被疏柔毛。卷须2~3叉分枝，相隔2节间断与叶对生。单叶，心形或卵形，3~5中裂，顶端急尖，基部心形。叶上面绿色，无毛，下面浅绿色，脉上有疏柔毛，边缘有粗钝或急尖锯齿。

山葡萄

Vitis amurensis
葡萄科

木质藤本。小枝圆柱形，无毛，嫩枝疏被蛛丝状绒毛。叶阔卵圆形，3裂稀5浅裂或中裂，或不分裂，边缘有粗锯齿。叶下部网脉明显。圆锥花序疏散，与叶对生。花瓣5。果实直径1~1.5厘米。东北著名野果。

秋季采摘的山葡萄多得吃不了时，可考虑直接榨汁、煮葡萄水、自酿山葡萄酒。小时候经常接触这种植物，仅仅根据果实就能把它细分出若干品种，知道哪一种更甜、口感更好。当然也记住了每一株在山上的具体位置，成熟时直接去采摘。对于蕨（菜）也一样，能细分出多个品种，特别是知道哪些地方生长的略有苦味。现在看来，那些都是有趣的地方性知识。现在标准化的学校教育，其实很轻视这类知识。

大青山最高点附近的一株山葡萄。与上一张图为同一株，拍摄时间相差一个月。

透茎冷水花

Pilea pumila
荨麻科

一年生草本。茎肉质，直立，无毛，光照时呈果冻状。叶近膜质，菱状卵形或宽卵形，先端渐尖、短渐尖，基部宽楔形。除基部全缘外，边缘两面疏生透明硬毛，基出脉3条。花雌雄同株并常同序，雄花常生于花序的下部。

珠芽艾麻

Laportea bulbifera
荨麻科

多年生草本。茎下部多少木质化，不分枝或少分枝，在上部常呈之字形弯曲。珠芽1~3个，常生于不生长花序的叶腋，木质化，球形。多数植株无珠芽。叶卵形至披针形。花序雌雄同株，稀异株，圆锥状。雄花序生茎顶部以下的叶腋，具短梗，开展；雌花序生茎顶部或近顶部叶腋，分枝较短。

珠芽艾麻的珠芽。

珠芽艾麻的花序。

狭叶荨麻

Urtica angustifolia
荨麻科

　　多年生草本，有木质化根状茎。茎高40~150厘米，四棱形，疏生刺毛和稀疏的细糙毛，分枝或不分枝。茎下部叶披针形至狭卵形，叶下面紫红色，边缘有粗牙齿或锯齿。叶柄疏生刺毛和糙毛。雌雄异株，花序圆锥状。嫩苗可作野菜，宜作汤。注意，别让刺毛碰到细嫩的皮肤！

宽叶荨麻

Urtica laetevirens
荨麻科

多年生草本，根状茎匍匐。茎四棱形，节间常较长，有稀疏的刺毛和疏生细糙毛，节上密生细糙毛，不分枝或少分枝。叶近膜质，卵形或披针形，向上的常渐变狭，两面疏生刺毛和细糙毛。雌雄同株，稀异株，雄花序近穗状，纤细，生上部叶腋。雌花序近穗状，生下部叶腋，较短。

林生茜草

Rubia sylvatica
茜草科

　　多年生草质攀援藤本。茎、枝细长，方柱形，有4棱，棱上有皮刺。叶4~10片轮生，叶基部深心形，后裂片耳形，边缘有微小皮刺。聚伞花序腋生和顶生，通常有花10余朵。生于林中或林缘。与茜草（*Rubia cordifolia*）相比茎更粗壮，叶大，果无棱，成熟时为黑色。

林生茜草。上图为初生的植株，下图为未成熟的果实。

地榆

Sanguisorba officinalis
蔷薇科

多年生草本。茎有棱。基生叶为羽状复叶，有小叶4~6对。穗状花序圆柱形或卵球形，从花序顶端向下开放。萼片4枚，紫红色。

地榆。穗状花序与叶的上面。

东北杏

Prunus mandshurica
蔷薇科

杏属（*Armeniaca*）并入李属（*Prunus*）。乔木，老树干树皮木栓质发达，深裂，暗灰色。果实近球形，直径1.5~2.6厘米，黄色，向阳处具红晕。果肉离核，味酸可食。核近球形。以发达的木栓质树皮和小的近球形果实区别于同属植物。

东北李

Prunus ussuriensis
蔷薇科

　　乔木，多分枝呈灌木状，老枝灰黑色，树皮起伏不平；小枝节间短，红褐色。花2~3朵簇生，有时单朵；花梗长7~13毫米，无毛。花瓣白色，花丝长短不等。核果较小，卵球形、近球形。抗寒，为培育高寒地区果树的优良种源。

毛樱桃

Prunus tomentosa
蔷薇科

樱属（*Cerasus*）并入李属（*Prunus*）。灌木，小枝紫褐色或灰褐色，嫩枝密被绒毛到无毛。花单生或2朵簇生，花叶同开。花梗长达2.5毫米或近无梗；萼筒管状或杯状。花瓣白色或粉红色。子房被毛。核果红色，近球形。

毛樱桃的果。

山楂

Crataegus pinnatifida
蔷薇科

　　别名山里红（不同于北京人说的山里红）。落叶乔木，树皮粗糙。叶片宽卵形或三角状卵形。伞房花序具多花。果实近球形或梨形，直径 1~1.5 厘米，深红色，有浅色斑点。适应性强，繁殖快，作为优秀的本土树种可用于雪场周围绿化。

山楂，春季的树上还挂有上一年结的果实。摄于 2017 年 5 月 2 日。

山楂。冬季从树上摘下的果
实。经过冬季的冷冻，果皮
颜色已不再鲜艳。

山刺玫

Rosa davurica
蔷薇科

别名刺玫果。直立灌木，高约 1.5 米。多分枝，皮刺基部膨大。花 2~3 朵簇生或单生。花瓣粉红色。果近球形或卵球形，红色，光滑，萼片宿存。花瓣用白糖腌渍后可作美味馅料。果肉含多种维生素，入药健脾胃，可于冬季、早春采摘果实泡水喝。

山刺玫，冬季从枝头摘下的
果实，还没有完全干透。摄
于 2016 年 12 月 18 日。

山刺玫，春季从枝头摘下上
一年的果实，已经完全干透。
于 2017 年 5 月 1 日。

莓叶委陵菜

Potentilla fragarioides
蔷薇科

多年生草本。簇生。花茎多数，丛生，上升或铺散，被长柔毛。基生叶羽状复叶，两面绿色，被平铺疏柔毛。花瓣黄色，倒卵形，顶端圆钝或微凹。在向阳山坡大面积生长。

莓叶委陵菜。叶的下面。

腺毛委陵菜

Potentilla longifolia
蔷薇科

　　多年生草本。茎直立或斜升。基生叶羽状复叶，有小叶4~5对，叶柄被短柔毛、长柔毛及腺体。茎生叶托叶草质，绿色，全缘或分裂，外被短柔毛及长柔毛。伞房花序集生于花茎顶端，少花。花瓣宽倒卵形，顶端微凹。

珍珠梅

Sorbaria sorbifolia
蔷薇科

别名山高粱条子、高楷子、八本条、王八脆。小灌木，小枝圆柱形，稍屈曲。羽状复叶，小叶片11~17枚。小叶片对生，披针形至卵状披针形，先端渐尖，边缘有尖锐重锯齿，上下两面无毛或近于无毛。顶生大型密集圆锥花序，长10~30厘米，直径5~12厘米。蓇葖果长圆形。以花序长、紧束而明显区别于华北珍珠梅（*Sorbaria kirilowii*）。

珍珠梅。花尚未开放。

珍珠梅。叶的下面。

做园艺的可能喜欢这种突变，会想办法"巩固"它。不过，我并不喜欢用人为办法改造叶的颜色。对于城市绿化中经常使用的改造过叶的榆、槐、连翘等，看着总是觉得别扭。那样做或许违背了植物的天性，比如不利于叶绿素发挥作用。也许这是一种偏见。

珍珠梅。叶的上面。边缘有白色的突变。

珍珠梅果序和果实。

稠李

Prunus avium
蔷薇科

稠李属（*Padus*）并入李属（*Prunus*）。别名臭李子。《中国植物志》曾视其为 *Padus racemosa*。落叶乔木，树皮粗糙而多斑纹，老枝紫褐色或灰褐色，有浅色皮孔；小枝红褐色或带黄褐色。叶片椭圆形、长圆形或长圆倒卵形，边缘有不规则锐锯齿。总状花序多花，花梗长 1~2 厘米。花瓣白色。核果卵球形，红褐色至黑色，可食，味甜微涩。

儿时，稠李的果实是每年必吃的。当地人称它臭李子，其实压根儿不臭，只是有点涩，也许是误将"稠"理解成了"臭"。一般是爬到树上，跨在树杈上，一边摘一边吃，跟其他动物吃果实差不多。

稠李果实和变红的叶子。

斑叶稠李

Prunus maackii
蔷薇科

　　别名山桃稠李（这个名字可能更好些）。落叶小乔木，树皮光滑，黄铜色，成片状剥落。老枝黑褐色或黄褐色，小枝黄色带红。叶片椭圆形、菱状卵形，稀长圆状倒卵形，叶边有不规则带腺锐锯齿。靠近叶基部的叶柄上有两个小腺点。总状花序多花密集。花瓣白色。核果近球形，紫褐色，味苦，一般不食用。通过光亮的树皮和果实相对密集的果序容易与稠李(*Padus avium*)区别。

斑叶稠李与山桃 (*Amygdalus davidiana*) 的树皮有点像，但两者花序完全不同。

斑叶稠李未成熟的果实。

滑雪场雪道上生长出的斑叶
稠李新苗。

库页悬钩子

Rubus sachalinensis
蔷薇科

　　矮小灌木，高 1~2 米。小枝色较浅，具柔毛，被较密黄色、棕色针刺。小叶常3 枚，不孕枝上有时具 5 小叶。顶生小叶基部有时浅心形，上面无毛或稍有毛，下面密被灰白色绒毛，边缘有不规则粗锯齿或缺刻状锯齿。花 5~9 朵成伞房状花序，顶生或腋生。花萼外面密被短柔毛，具针刺和腺毛；萼片三角披针形。花瓣白色。果实卵球形，较干燥。

库页悬钩子的果序和果实。
大量小核果集生于花上，形
成聚合果。

牛叠肚

Rubus crataegifolius
蔷薇科

别名山楂叶悬钩子、蓬藟、托盘、马林果。直立灌木，高 1~2 米；枝具沟棱，幼时被细柔毛，有微弯皮刺。单叶，基部心形或近截形，上面近无毛，下面脉上有柔毛和小皮刺，边缘 3~5 掌状分裂。叶柄疏生柔毛和小皮刺。花数朵簇生或成短总状花序。花瓣椭圆形或长圆形，白色。果实近球形，红色，无毛，有光泽，多汁。

水榆花楸

Sorbus alnifolia
蔷薇科

乔木。小枝圆柱形，具灰白色皮孔，二年生枝暗红褐色，老枝暗灰褐色，无毛。叶片薄纸质，卵形至椭圆卵形，先端短渐尖，基部宽楔形至圆形，边缘有不整齐的尖锐锯齿。叶上下两面无毛，侧脉6~10对，直达叶边齿尖。叶柄长1.5~3厘米，无毛。

水榆花楸的秋叶和果实。有叶
有果，就可以确认它是谁啦！

水榆花楸在大青山不同
海拔处都有生长。坦率说，
一开始我没认出这种植物，
甚至不知道它是哪个科的。
每次来大青山我都拍摄几张，
始终没有找到花和果。反复
琢磨，终于查到它是水榆花
楸，为此专门请教过刘冰先
生。我以前熟悉的都是复叶
的同属植物，这个显然有些
另类。最后一次来松花湖，
我终于在山顶上无意中见到
一株大树，而且结了许多果
实。一见果实，一切都明白了。

水榆花楸。叶的下面和上面。

水榆花楸的树干有灰白色皮
孔。

假升麻

Aruncus sylvester
蔷薇科

多年生草本，基部木质化。茎圆柱形，无毛，带暗紫色。大型羽状复叶，通常二回稀三回，总叶柄无毛；小叶片 3~9，边缘有不规则的尖锐重锯齿，近于无毛或沿叶边具疏生柔毛。大型穗状圆锥花序。花瓣倒卵形，先端圆钝，白色。雄花具雄蕊 20，雌花心皮 3~4，稀5~8，花柱顶生。

假升麻的叶。

假升麻的花序。

蒙古栎

Quercus mongolica
壳斗科

落叶乔木，高达 30 米，树皮灰褐色，纵裂。幼枝紫褐色，有棱，无毛。叶片倒卵形至长倒卵形，基部窄圆形或耳形，叶缘 7~10 对钝齿或粗齿。叶柄极短，长 2~8 毫米，无毛。雄花序生于新枝下部，雌花序生于新枝上端叶腋。壳斗杯形。大青山主要树种之一，阳坡较多。

蒙古栎的雄花序。

蒙古栎也称柞树，其叶子可以养柞蚕。

蒙古栎叶的下面。

蒙古栎木材坚硬、耐磨，可制作优质实木地板。

蒙古栎大树。

在大青山，橡果（蒙古
栎的果实）非常多，足够这
里的松鼠等动物冬天食用。

蒙古栎坚果和壳斗。

滑雪季的蒙古栎。

日本散血丹

Physaliastrum echinatum
茄科

学名据FOC，《中国植物志》曾视其为 *Physaliastrum japonicum*。根肉质。高50~70厘米。叶草质，结构类似龙葵（*Solanum nigrum*）。花常2~3朵生于叶腋或枝腋，俯垂，花梗长2~4厘米；花萼短钟状，外面具大量毛刺，果时增大贴近于浆果。花冠钟状。浆果球状，直径约0.5~1厘米，被果萼大部分包围，浆果顶端裸露。

日本散血丹被果萼包裹起来的浆果，顶端露出个小五角星。

挂金灯

Physalis alkekengi var. *franchetii*
茄科

　　别名红姑娘。多年生草本，基部常匍匐生根。基部略带木质，茎节膨大。叶长卵形至阔卵形，顶端渐尖。花梗近无毛。花萼阔钟状，萼齿三角形。果萼卵状，薄革质，网脉显著，有 10 纵肋，成熟时橙色或火红色，无毛。浆果球状，橙红色，多汁，成熟时味甜。果实青时在果蒂处用针反复扎，小心地把瓤取出，做成绿泡用嘴咬可发出特殊的响声，称"吹姑娘"（后一字读 niě）。

宝珠草

Disporum viridescens
秋水仙科

原归百合科，据 APG III 调整。根状茎短，有长匍匐茎。茎高 30~80 厘米，有时分枝。叶纸质，椭圆形至卵状矩圆形，先端短渐尖或有短尖头，横脉明显。花淡绿色，1~2 朵生于茎或枝的顶端。花被片张开，矩圆状披针形。浆果球形。

按理说，应当给出一张有美丽花朵的照片。可惜由于我来的时候恰好不在花期。编写一部完美的植物手册，最好是在这里连续住上一年或两年；一年当中来几次离散拍摄不可避免会有许多遗憾。

败酱

Patrinia scabiosifolia
忍冬科

    原归败酱科，据 APG 调整。种加词拼写据 FOC。别名黄花败酱、野黄花。多年生草本，高 50~200 厘米。根状茎横卧。茎直立，粗壮。基生叶丛生，花时枯落，通常羽状分裂。茎生叶对生，宽卵形至披针形，常羽状深裂或全裂。由聚伞花序组成大型伞房花序，顶生，具 5~6 级分枝。总苞线形，甚小。花冠钟形，黄色。

日本称它女郎花。不过，日语中"女郎"通常并不是褒义。《万叶集》中将此植物列为"秋之七草"的第五种。用作园艺的"玉川女郎花"比较有名。

败酱的巨大花序。

败酱的幼苗。

腋花莛子藨

Triosteum sinuatum

忍冬科

多年生草本。茎高达50~70厘米，密被刚毛和腺毛。叶圆卵形或矩圆形，顶端渐尖，近基部约变狭呈匙状卵圆形或矩圆形，基部有时抱茎，叶近全缘。聚伞花序有1~3花，腋生。萼裂片披针形。花冠黄绿色。果实圆形，上部尖，无柄，密生刚毛。

我也想呈现一张有花的
照片，但我没有拍到。

腋花莛子藨。果腋生。

金银忍冬

Lonicera maackii
忍冬科

落叶灌木，高达 2~4 米。幼枝、叶两面脉上、叶柄、苞片、小苞片及萼檐外面都被短柔毛和微腺毛。叶纸质。花芳香，生于幼枝叶腋，总花梗长 1~2 毫米，短于叶柄。花冠先白后黄。果实暗红色，圆形。

金花忍冬

Lonicera chrysantha
忍冬科

落叶灌木，高达 4 米。幼枝、叶柄和总花梗常被开展的直糙毛、微糙毛和腺。叶纸质，菱状卵形、菱状披针形、倒卵形或卵状披针形，两面脉上被直或稍弯的糙伏毛，中脉毛较密，有直缘毛。总花梗细，长 2~4 厘米。花冠先白后黄，外面疏生短糙毛，唇形，唇瓣长 2~3 倍于筒。果实红色，圆形。以总花梗较长明显区别于金银忍冬。

早花忍冬

Lonicera praeflorens
忍冬科

落叶灌木。幼枝黄褐色，疏被开展糙毛和短硬毛及疏腺，老枝灰褐色。叶纸质，宽卵形、菱状宽卵形或卵状椭圆形，两面密被绢丝状糙伏毛。叶柄密被混杂的长、短开展糙毛。花先叶开放，总花梗极短，果时长达 12 毫米，被糙毛及腺。花冠淡紫色。果实红色，圆形。

早花忍冬。叶的上面和下面。

乌拉尔棱子芹

Pleurospermum uralense
伞形科

别名棱子芹。学名参考 FOC，中文名重新修订。《中国植物志》视其为 *Pleurospermum camtschaticum*。多年生草本，高 1~2 米。根粗壮，有分枝。茎分枝或不分枝，中空，表面有细条棱。基生叶或茎下部的叶有较长的柄。顶生复伞形花序较大，直径 10~20 厘米。花白色。果棱狭翅状，边缘有小钝齿。

乌拉尔棱子芹的幼苗。

乌拉尔棱子芹。花和果实。

乌拉尔棱子芹。复伞花序的二级伞，小总苞片、二级伞辐和果实。

乌拉尔棱子芹。复伞花序的
一级伞辐（20~60根）和总
苞片。

红花变豆菜

Sanicula rubriflora
伞形科

多年生草本。茎直立，无毛，下部不分枝。基生叶多数，柄长13~55厘米，基部有宽膜质鞘；叶片通常圆心形或肾状圆形，掌状3裂。总苞片2，叶状，无柄。复伞花序一级伞只有3伞辐，即分三支，中间一支较长。花瓣淡红色至紫红色。根据花的颜色可明显区别于变豆菜（*Sanicula chinensis*）。

红花变豆菜主要产于黑龙江、吉林、辽宁及内蒙古，我在北京、河北都没有找到。

红花变豆菜。复伞花序分三支，中间一支二级伞长得比较高。小总苞片 3~7。

变豆菜

Sanicula chinensis
伞形科

　　别名蓝布正、鸭脚板。多年生草本。茎粗壮，直立，无毛，有纵沟纹，下部不分枝，上部重复叉式分枝。基生叶少数，近圆形、圆肾形至圆心形，通常3裂。花序2~3回叉式分枝，总苞片叶状，通常3深裂。复伞花序有2~3支。花瓣白色或绿白色。果实圆卵形，长4~5毫米，顶端萼齿成喙状突出，皮刺直立，顶端钩状，基部膨大。

　　在北京偶尔能见到极少量的变豆菜，但是在东北大青山，几乎随处可见。

变豆菜的果实。下面的叶是
2017 年 的，果实是 2016 年
的。在松花湖大青山，其数
量少于红花变豆菜（*Sanicula
rubriflora*）。

大叶芹

Spuriopimpinella brachycarpa
伞形科

据 APG III 调整，从茴芹属 (*Pimpinella*) 分出大叶芹属（*Spuriopimpinella*）。《中国植物志》视其为短果茴芹（*Pimpinella brachycarpa*）。多年生草本。茎圆管状，有条纹，上部 2~3 个分枝，无毛。基生叶及茎中、下部叶有柄，长 4~10 厘米；叶鞘长圆形；叶片三出分裂，成三小叶，偶尔 2 回三出分裂，裂片有短柄。茎上部叶无柄，叶片3 裂，裂片披针形。小伞形花序有花 15~20，白色。果实卵球形，光亮无毛，果棱线形。

大叶芹。春季刚长出来的嫩
苗。东北著名野菜，可炒食、
做馅或凉拌。附近有百合科
的北重楼。采这种野菜时要
特别注意不要与罂粟科的有
毒植物荷青花混淆。最简单、
最易操作的区分方法是手搓
一下闻味道。

吉林省人会感谢大叶芹的。它是大自然的慷慨馈赠。据我观察，只要不参与过分的贸易，这种野生植物可以做到可持续利用。当地人每年采摘一些，根本不影响野生种群的生长。但是引入大规模的贸易，事情就可能不妙。

刚"劈"（相当于"采"）下来的大叶芹（茎和叶柄紫红色）。

大叶芹的花序。整个复伞外
面的轮廓是五边形。

大叶芹逐渐成熟的果实。

大叶芹。开花时的茎和叶。

兴安独活

Heracleum dissectum
伞形科

多年生草本。茎直立，被有粗毛，具棱槽。基生叶有长柄，被粗毛，基部成鞘状；叶片三出羽状分裂，有3~5小叶。小叶多少呈羽状深裂或缺刻，边缘有锯齿。复伞形花序顶生和侧生。花瓣白色，二型。兴安独活的叶分裂较短毛独活强烈。

兴安独活的果实。

东北羊角芹

Aegopodium alpestre
伞形科

别名小叶芹。多年生草本，高30~100厘米。茎直立，圆柱形，具细条纹，中空，下部不分枝，上部稍有分枝。基生叶有柄，柄长5~13厘米，叶鞘膜质；叶片轮廓呈阔三角形，通常三出式2回羽状分裂。复伞形花序顶生或侧生。萼齿退化。花瓣白色，顶端微凹。果实长圆形或长圆状卵形，主棱明显。野菜之一。

东北羊角芹的复伞花序。

峨参

Anthriscus sylvestris
伞形科

二年生或多年生草本。茎较粗壮，高60~150厘米，多分枝，下部有细柔毛。基生叶有长柄，2回羽状分裂。茎上部叶有短柄或无柄，基部呈鞘状。复伞形花序。花白色。果实长卵形至线状长圆形。野菜之一。

以前，有大叶芹、刺嫩芽（辽东楤木）在，峨参作为野菜是排不上名次的，吃的人很少。但现在不同了，早市中也有大量出售峨参的;以前也只吃叶柄不吃叶（跟刺五加类似），现在则都吃。作为特色野菜，它们各有所长。不过，就采摘难易而论，峨参最方便，只要遇见，一会儿就能采满一大筐。手中最好备一把小刀。但不宜把整簇的峨参全部割掉，可以留下若干小秧，它们还能继续生长。

峨参。通常生长在林下林缘。
这株生长在雪道上，叶被阳
光晒得紫红。

柳叶芹

Angelica laevigata
伞形科

柳叶芹属（*Czernaevia*）并入当归属（*Angelica*）。《中国植物志》视其为 *Czernaevia laevigata*。二年生草本。根圆锥形，有数个大小不一近似垂直于主根的支根。茎直立，高60~120厘米，上部分枝，中空，有浅细沟纹，光滑无毛。叶稀疏，2回羽状全裂。叶柄基部膨大为半圆柱状的叶鞘，下部抱茎，叶边缘有不整齐的粗锯齿，顶端锐尖，稍具白色软骨质。复伞形花序，花白色，花瓣倒卵形，顶端内卷，凹入。花序开花时平展，花后周围翘起，整体呈碗状。

柳叶芹的花序。

白芷

Angelica dahurica
伞形科

别名走马芹、大活。多年生高大草本，外表皮黄褐色至褐色，有浓烈气味。茎通常带紫色，中空，有纵长沟纹。上部茎略呈"之"字形。基生叶一回羽状分裂，有长柄。茎上部叶 2~3 回羽状分裂。上部叶柄下部为囊状膨大的膜质叶鞘，常带紫色。复伞形花序顶生或侧生。花白色。

上图: 春季初生的白芷嫩叶。

下图: 白芷的果序。

大叶柴胡

Bupleurum longiradiatum
伞形科

多年生草本。茎单生，有粗槽纹枝。叶大形，叶上面鲜绿色，微染紫色，基生叶广卵形到椭圆形或披针形，顶端急尖或渐尖，下部楔形或广楔形，并收缩成宽扁有翼的长叶柄。伞形花序宽大。花深黄色。

草芍药

Paeonia obovata

芍药科

原归毛茛科，据 APG III 调整。多年生草本。根粗壮。茎高 40 厘米左右，无毛。茎下部叶为 2 回 3 出复叶，叶片长 20 厘米左右。顶生小叶倒卵形或宽椭圆形。单花顶生，直径 7~10 厘米。萼片 3~5，淡绿色。花瓣 6，白色、红色、紫红色，倒卵形。

正好赶上草芍药盛放，
很不容易。我就没赶上。万
科集团高级副总裁丁长峰先
生用手机拍到，非常清晰。
本想在此引用，可是微信中
再找时已经过期，无法下载
了。

草芍药。单生的花苞。

草芍药的蓇葖，露出褐黄色
的种子。

单花韭

Allium monanthum
石蒜科

　　原归百合科，据 APG
III 调整。鳞茎近球状，单
生。叶 1~2 枚，宽条形，长
10~20 厘米，有多条白色条
纹。花葶纤细，长约为叶的
一半，下部紫红色。总苞膜
质，单侧开裂。伞形花序有
花 1~2 朵，花白色至带红色，
单性异株。早春极具特色的
一种地被植物，常与顶冰花、
三花顶冰花生长在一起，叶
容易混淆。

单花韭的鳞茎、叶、花葶。早春，大青山的山坡林下有大量单花韭。到了夏天就很难找到了。

在东北打造一个理想的植物园，一定要引进单花韭这种很不起眼的地被植物。它对春天有着特别的装扮作用。

单花韭的花序。

薤白

Allium macrostemon
石蒜科

原归百合科，据 APG III 调整。别名小根蒜。鳞茎近球状，基部常具小鳞茎，鳞茎外皮常带黑色，纸质或膜质。叶 3~5 枚，半圆柱状，中空。花葶圆柱状，高。伞形花序半球状至球状，具多而密集的花。在东北，花序上较少具珠芽。早春东北著名野菜。

我吃过中国许多地方甚至包括美国伊利诺伊州厄巴纳—香槟市和日本福冈市的野生薤白，最好的当然还是老家东北的。

薤白的花。在东北，春季冰雪消融时从土中长出微红的嫩苗，此时采挖最佳。在华北，小苗长出时就已为绿色，味道一般，食用者亦不多。

山韭

Allium senescens

石蒜科

原归百合科，据 APG III 调整。鳞茎单生或数枚聚生，近狭卵状圆柱形或近圆锥状，粗壮。叶狭条形至宽条形，肥厚，基部近半圆柱状，上部扁平。花葶圆柱状，常具 2 纵棱。伞形花序半球状至近球状，花密集。花紫红色至淡紫色。以鳞茎短粗、花多而密集明显区别于野韭（*Allium ramosum*）等同类植物。

山韭上一年的果序。山韭是
美味野菜，在大青山分布较
少。

白花碎米荠

Cardamine leucantha
十字花科

多年生草本。茎单一，有时上部有少数分枝，表面有沟棱，密被短绵毛或柔毛。基生叶有长叶柄，小叶 2~3 对，顶生小叶卵形至长卵状披针形，顶端渐尖，边缘有不整齐的钝齿或锯齿。茎中部叶有较长的叶柄。总状花序顶生。花瓣白色，长圆状楔形。

葶苈

Draba nemorosa
十字花科

一年或二年生草本。茎直立，高20厘米左右，分枝，疏生叶片或无叶。下部密生单毛、叉状毛和星状毛，上部渐稀至无毛。基生叶莲座状。茎生叶长卵形或卵形，顶端尖，基部楔形或渐圆，边缘有细齿。总状花序密集成伞房状。花瓣黄色。早春，它以柔弱之躯给北方大地带来生命的活力。

蔓孩儿参

Pseudostellaria davidii

石竹科

多年生草本。块根纺锤形。茎匍匐，细弱，稀疏分枝。叶片卵形或卵状披针形，顶端急尖，基部圆形或宽楔形，具极短柄，边缘具缘毛。开花受精花单生于茎中部以上叶腋。花梗细。萼片5，披针形，疏被柔毛。花瓣5，白色，长倒卵形，全缘，比萼片长1倍。雄蕊10，比花瓣短，花药紫色。花柱3，高于雄蕊。闭花受精花通常1~2朵，匍匐枝多时则花数2朵以上，腋生。此图为蔓孩儿参的匍匐枝。

蔓孩儿参。开花受精花。顶视图和侧视图。

繁缕

Stellaria media

石竹科

一年生或二年生草本。茎俯仰或上升，基部多少分枝，常带淡紫红色。叶片宽卵形或卵形，顶端渐尖或急尖，基部渐狭或近心形，全缘。基生叶具长柄，上部叶常无柄或具短柄。疏聚伞花序顶生。萼片5，外面被短腺毛。花瓣白色，2深裂达基部。

女娄菜

Silene aprica
石竹科

一年生或二年生草本。茎单生或数个，直立。茎生叶叶片倒披针形，比基生叶稍小。圆锥花序。苞片披针形，草质，渐尖，具缘毛；花萼卵状钟形，密被短柔毛，萼齿三角状披针形。花瓣白色或淡红色，倒披针形，微露出花萼或与花萼近等长，花瓣2裂。雄蕊不外露，花柱不外露。

坚硬女娄菜

Silene firma
石竹科

学名据 FOC，但 FOC 给出的中文名疏毛女娄菜并不合适。《中国植物志》祝其为 *Silene firma* var. *pubescens*。一年生或二年生草本。茎单生或疏丛生，粗壮，直立，稀分枝，有时下部呈暗紫色。叶片椭圆状披针形或卵状倒披针形，基部渐狭成短柄状，顶端急尖，仅边缘具缘毛。假轮伞状间断式总状花序。苞片狭披针形。花萼卵状钟形，果期微膨大，萼齿狭三角形，边缘膜质，具缘毛。花瓣白色，花萼、雄蕊、花柱不外露。

坚硬女娄菜的花。

浅裂剪秋罗

Lychnis cognata

石竹科

多年生草本，全株被柔毛。茎直立，上部分枝。叶片卵状长圆形或卵状披针形。二歧聚伞花序具数花，紧缩呈伞房。花萼筒状棒形，萼齿三角状。花瓣深红色，深2裂。瓣片两侧中下部有时各具1线形小裂片。

大青山西侧雪道上的一株浅
裂剪秋罗。

乌苏里鼠李

Rhamnus ussuriensis
鼠李科

灌木。全株无毛，小枝灰褐色。枝端有刺，对生或近对生。叶纸质，对生或近对生，或在短枝端簇生，狭椭圆形或狭矩圆形，基部楔形，边缘具钝或圆齿状锯齿，侧脉每边4条。叶柄长2厘米左右，由绿变粉红色。花梗长6~10毫米。核果球形或倒卵状球形。

乌苏里鼠李的叶和果。

穿龙薯蓣

Dioscorea nipponica
薯蓣科

多年生草质藤本，茎左手性。根状茎横生，圆柱形，多分枝，栓皮层显著剥离。单叶互生，叶片掌状心形。雌雄异株。雄花序为腋生的穗状花序。雌花序穗状。蒴果三棱形。

根横走，似细长的骨头，俗称穿龙骨。小时候上山挖过它的根当药材，洗净晒干，卖给供销社。我的园子中试栽了几棵，长得非常好，已经成活了近10年。缺点是它把我园中周围的冬枣、省沽油缠得紧紧的，密不透风。每年夏季不得不用镰刀清理一番，但第二年春天还是茁壮地发出新苗。

翼果薹草

Carex neurocarpa
莎草科

根状茎短,木质。秆丛生,高70厘米,扁钝三棱形。叶短于或长于秆,平张,边缘粗糙。苞片下部的呈叶状,显著长于花序,无鞘,上部的刚毛状。小穗多数。穗状花序紧密,呈尖塔状圆柱形。

宽叶薹草

Carex siderosticta
莎草科

根状茎长。花茎近基部的叶鞘无叶片，淡棕褐色，营养茎的叶长圆状披针形，长10~20厘米，宽1~3厘米，中脉及2条侧脉较明显，上面无毛，下面沿脉疏生柔毛。花茎高达30厘米，苞鞘上部膨大似佛焰苞状。通常生于林下，雪道上也有。

东方藨草

Scirpus orientalis
莎草科

据 FOC,《中国植物志》视其为朔北林生藨草（*Scirpus sylvaticus var. maximowiczii*）。秆粗壮,高 80~120 厘米,上部为三棱形。叶等长或短于花序。叶状苞片 2~4 枚。多级复出的长侧枝聚伞花序顶生,下垂。辐射枝 5~20 条,辐射枝长可达 10 厘米,各级辐射枝和小穗柄的上部粗糙。小穗单生或 2~3 个聚合在一起,卵状披针形或卵形。

东方藨草的花序。

槲寄生

Viscum coloratum
檀香科

原归桑寄生科，据 APG III 调整。别名冬青、寄生子、北寄生。灌木，茎枝长 80 厘米左右。茎、枝均圆柱状，二歧或三歧、稀多歧地分枝，节稍膨大。叶对生，稀 3 枚轮生，厚革质或革质，长椭圆形至椭圆状披针形。花序顶生或腋生于茎叉状分枝处。雌雄异株。雄花序聚伞状；雌花序聚伞式穗状。果球形，成熟时淡黄色或橙红色，花柱宿存。

寄生在山杨（*Populus davidiana*）上的槲寄生，远远望去像鸟窝。在大青山槲寄生主要寄生于裂叶榆、蒙古栎、山杨上。

槲寄生寄生在裂叶榆树干上，
果实淡黄色。2016 年 12 月
16 日拍摄。

鹿药

Maianthemum japonicum
天门冬科

原归百合科，据 APG III
调整。《中国植物志》曾视
其为 *Smilacina japonica*。别名
山糜子。茎、叶密生粗伏毛。
根状茎横走，有时具膨大结
节。茎中部以上具粗伏毛。
叶纸质，两面疏生粗毛。圆
锥花序，具 10~20 朵花；花
单生，白色。浆果近球形，
熟时红色，具 1~2 颗种子。
常见野菜。

鹿药和卫矛。作为野菜刚出土苗、叶未展开时采食，微甜。注意不要与藜芦混淆。

结了果的鹿药。

舞鹤草

Maianthemum bifolium
天门冬科

原归百合科，据 APG III 调整。根状茎细长。茎高 8~20 厘米，无毛或散生柔毛。基生叶有长达 10 厘米的叶柄。茎生叶通常 2~3 枚。叶基部心形。总状花序直立，花白色。

二苞黄精

Polygonatum involucratum
天门冬科

原归百合科，据 APG III 调整。根状茎圆柱形。茎高 20~50 厘米。叶互生，下部叶具短柄，上部叶近无柄。叶间的茎呈之形向上生长。花序具 2 花，总花梗长 1~2 厘米，顶端具 2 枚叶状苞片；苞片具暗红色多脉，宿存。花梗极短，仅 2 毫米左右，花被绿白色至淡黄绿色。浆果直径约 0.5 厘米。

二苞黄精。苞片近摄图。

玉竹

Polygonatum odoratum
天门冬科

原归百合科，据 APG III 调整。根状茎圆柱形，直径 5~14 毫米。茎粗壮有棱，上部茎斜升。叶互生，椭圆形至卵状矩圆形，长 5~12 厘米，宽 3~16 厘米。花序具 1~4 花，通常 2 朵，总花梗 1~1.5 厘米；花被黄绿色至白色，全长 13~20 毫米，花被筒较直，裂片长约 3~4 毫米，微外卷。浆果蓝黑色。

玉竹。

玉竹的果实。

小玉竹

Polygonatum humile
天门冬科

原归百合科，据 APG III 调整。根状茎细圆柱形，直径 3~5 毫米。茎较细，相对直立一些，具 7~10 叶。叶互生，长椭圆形或卵状椭圆形，较玉竹的叶窄。花序通常 1~2 花，花梗长 8~13 毫米，显著向下弯曲；花被白色，顶端带绿色，浆果蓝黑色。和玉竹的区别在于根状茎较细、较直，叶下面具短糙毛、花序通常仅具 1 花。

小玉竹。小玉竹叶多于 5，可区别于五叶黄精（*Polygonatum acuminatifolium*）。

五叶黄精

Polygonatum acuminatifolium
天门冬科

原归百合科，据 APG
III 调整。根状茎细圆柱形，
直径 3~4 毫米。茎高 20~30
厘米，仅具 4~5 叶。

铃兰

Convallaria majalis

天门冬科

原归百合科，据 APG III 调整。植株全部无毛，高 18~30 厘米，常成片生长。叶椭圆形或卵状披针形，2~3 枚。花葶高 15~30 厘米，稍外弯。花白色。浆果直径 6~12 毫米，熟后红色，稍下垂。

龙须菜

Asparagus schoberioides
天门冬科

原归百合科，据 APG III 调整。直立草本，高可达1米。根细长。茎上部和分枝具纵棱，分枝有极狭的翅。叶状枝通常每3~4枚成簇，窄条形。鳞片状叶近披针形，基部无刺。花每2~4朵腋生，黄绿色。浆果熟时红色。

细齿南星

Arisaema peninsulae
天南星科

别名大参、天南星、朝鲜南星。据 FOC，《中国植物志》曾视其为朝鲜南星（*Arisaema angustatum* var. *peninsulae*）。块茎扁球形。鳞叶 3，褐色，先端有紫斑。叶 2，叶柄长 35~93 厘米，有花纹。叶片鸟足状分裂，裂片 5~14。佛焰苞绿色，具白条纹。果序柄长 50 厘米左右，长圆锥形。浆果干时橘红色，卵球形。全株有毒，块茎入药。

细齿南星，春季刚刚从土中冒出的小苗。附近有毛茛科唐松草属和天门冬科黄精属植物。

细齿南星，叶的鞘筒外面有
黑色花纹。茎上以左旋方式
缠绕了葎草的细茎。左下是
未成熟的果序。

细齿南星。成熟的果实。

透骨草

Phryma leptostachya subsp. *asiatica*
透骨草科

多年生草本。茎直立，4棱形，不分枝或于上部有带花序的分枝。叶草质，对生，边缘有钝锯齿。穗状花序生茎顶及侧枝顶端。花序轴纤细。花疏离，出自苞腋。花冠漏斗状筒形，蓝紫色、淡红色至白色。檐部2唇形，上唇直立，下唇平伸。

透骨草的花序。

黄心卫矛

Euonymus macropterus
卫矛科

灌木，高达5米；冬芽长卵状。叶纸质，倒卵形、长方倒卵形或近椭圆形，先端宽短渐尖，基部多为窄楔形，边缘具极稀浅细密锯齿。聚伞花序3~13花，常具1~2对分枝。花黄色。蒴果类球状，具4个长翅。种子近卵形，黑褐色，有光泽，假种皮橙红色。本页的图片为2017年7月5日拍摄，果实仍然是绿色的。

黄心卫矛。果翅已经变红。
2017 年 8 月 11 日拍摄。

黄心卫矛。开裂的蒴果。

卫矛

Euonymus alatus
卫矛科

　　别名山棱茶。灌木，高
1~3 米；小枝常具 2~4 列宽
阔木栓翅。叶卵状椭圆形、
窄长椭圆形，偶为倒卵形，
边缘具细锯齿，两面光滑无
毛。聚伞花序 1~3 花，花
白绿色。萼片半圆形。蒴果
1~4 深裂，裂瓣椭圆状。种
子椭圆状或阔椭圆状，假种
皮橙红色。可用于绿化。

卫矛应当是一种很好的园林绿化植物，叶、果都值得观赏，在中国却用得不多，不知道为什么。

卫矛。枝上有宽阔的木栓翅。

东北槭

Acer mandshuricum
无患子科

　　FOC 给出的中文名不妥，仍然沿用《中国植物志》的中文名。原归槭树科，据 APG 调整为无患子科，后面同属的几种植物也做此处理。落叶乔木。树皮灰色，粗糙但不暴皮。小枝圆柱形，无毛；当年生枝紫黄色或紫褐色。复叶具 3 小叶，小叶纸质，边缘具钝锯齿。叶上面深绿色，无毛，下面淡绿色，微被白粉，沿中肋被白色的疏柔毛。小坚果凸起，嫩时紫红色，成熟后紫褐色，翅宽 1~1.2 厘米，连同小坚果长 3~3.5 厘米，张开成锐角或近于直角。

东北槭与三花槭初看起来不容易区分，细观察其实非常好区分。前者小叶的叶缘比较均匀、树皮相对光滑且不易脱落、叶的下面柔毛较少。在秋季，三花槭的叶更红一些、摸起来也更厚实。

东北槭，叶的下面。

东北槭的树干及秋季变红的
叶子。

秋季东北槭的红叶。

三花槭

Acer triflorum
无患子科

 别名拧筋槭、拧筋子。FOC 给出的中文名不妥，仍然沿用《中国植物志》的中文名。落叶乔木。树皮褐色，常成薄片脱落。复叶由 3 小叶组成，小叶纸质，边缘在中段以上有 2~3 个粗的钝锯齿，稀全缘；顶生小叶的基部楔形或阔楔形。叶下面淡绿色，沿叶脉特别是中肋有白色疏柔毛。叶的中肋在上面稍凹下，在下面凸起。小坚果凸起，近于球形。翅黄褐色，两翅张开成锐角或近于直角。

三花槭，叶的下面。

此照片拍摄于 2017 年 9 月 30 日，此时三花槭的叶子处于最红的时间窗口。照片背景为白桦的树干。

三花槭，叶的下面。叶中肋有白色疏柔毛。

三花槭，春季的嫩叶。

三花槭极粗糙的老树干外皮，易脱落。树皮比东北槭更粗糙。

秋季三花槭的红叶。

髭脉槭

Acer barbinerve
无患子科

　　FOC 给出的中文名不妥，仍然沿用《中国植物志》的中文名。落叶小乔木。叶纸质，外部轮廓近于圆形或卵形，长 5~8 厘米，宽 4~7 厘米，基部心脏形或近于心脏形，5 裂。叶上面绿色，无毛，下面淡绿色，被白色的长硬毛及短柔毛，在叶脉上更密。花黄绿色，单性，雌雄异株。小坚果近于球形，脉纹显著；翅长圆形，两翅张开成钝角。

髭脉槭，叶的下面。叶脉上
毛较密。

髭脉槭，叶的下面与果实。
注意两翅夹角为钝角。

青楷槭

Acer tegmentosum
无患子科

FOC 给出的中文名不妥，仍然沿用《中国植物志》的中文名。落叶乔木。树皮灰色或深灰色，平滑，有裂纹。叶纸质，基部圆形或近于心脏形，3~7 裂，通常 5裂；裂片三角形或钝尖形，先端常具短锐尖头。花黄绿色，杂性，雄花与两性花同株，总状花序。树皮和叶不同于葛罗槭（*Acer davidii* subsp. *grosseri*）。

青楷槭翅果和叶的下面。

丛生的青楷槭。

青楷槭的树干。

青楷槭，秋季树叶变黄。

花楷槭

Acer ukurunduense
无患子科

FOC 给出的中文名不妥，仍然沿用《中国植物志》的中文名。落叶乔木。树皮粗糙，灰褐色或深褐色，常裂成薄片脱落。小枝细瘦，当年生枝紫色或紫褐色，常有黄色短柔毛，多年生枝褐色或深褐色，无毛或近于无毛。叶膜质或纸质，基部截形或近于心脏形，常5裂，边缘有粗锯齿，裂片间的凹缺锐尖，深达叶片全长的2/5。

花楷槭，嫩叶的下面。

花楷槭，嫩叶的上面。

花楷槭，果序穗状，翅果的
果翅张开成直角。

花楷槭，叶和翅果。

花楷槭，不同年龄阶段的树皮。

色木槭

Acer pictum subsp. *mono*
无患子科

学名据FOC。但FOC
给出的中文名不妥，沿用《中
国植物志》的中文名。落叶
乔木，常纵裂，灰色，稀深
灰色或灰褐色。叶纸质，基
部截形或近于心脏形，叶片
的外貌近于椭圆形，常5裂，
有时3裂和7裂的叶生于同
一树上。裂片卵形，先端锐
尖或尾状锐尖，全缘，裂片
间的凹缺常锐尖，深达叶片
的中段，上面深绿色，无毛，
下面淡绿色。

色木槭的树干。

茶条槭

Acer tataricum subsp. *ginnala*
无患子科

学名据FOC。但FOC给出的中文名不妥，沿用《中国植物志》的中文名。灌木或小乔木，高5~6米。树皮粗糙、微纵裂。小枝细瘦，近于圆柱形，无毛。叶纸质，叶片长圆卵形或长圆椭圆形，常较深的3~5裂；中央裂片锐尖或狭长锐尖。花杂性，雄花与两性花同株。小坚果嫩时被长柔毛，脉纹显著，翅连同小坚果长2.5~3厘米，两翅张成锐角。

茶条槭翅果。

小楷槭

Acer tschonoskii subsp. *koreanum*
无患子科

学名据 FOC。但 FOC 给出的中文名不妥，沿用《中国植物志》的中文名。落叶小乔木。树皮光滑，灰色。小枝细瘦，无毛；当年生枝紫色或紫红色；多年生枝紫褐色或紫黄色。冬芽紫色，椭圆形。叶纸质，外轮廓长圆卵形，基部心脏形或近于心脏形，边缘具很密的锐尖锯齿，常 5 裂。叶柄长 4~5 厘米，紫色或红紫色。坚果的果翅张开成钝角。

小楷槭，叶的上面。

小楷槭，叶的下面。

小楷槭，枝条与光滑的树干。

五福花

Adoxa moschatellina
五福花科

　　多年生矮小草本，高8~15厘米；根状茎横生。茎单一，细嫩，无毛。基生叶1~3，为1~2回三出复叶。茎生叶2枚，对生，3深裂，裂片再3裂。5~7朵花成顶生聚伞性头状花序，无花柄。花黄绿色。顶生花与侧生花结构不同。花柱在顶生花为4，侧生花为5。顶生花雄蕊8，侧生花雄蕊10。《中国植物志》的相关描述为："内轮雄蕊退化为腺状乳突，外轮雄蕊在顶生花为4，在侧生花为5，花丝2裂几至基部。"

五福花的叶与花序。

在北京怀柔的喇叭沟门，只能找到少量五福花，它们被当作宝贝。在吉林松花湖大青山，五福花是成片生长的，行走在林下，一脚踏上就能踩到十几株。

五福花叶的下面。

五福花的侧生花。

朝鲜荚蒾

Viburnum koreanum
五福花科

原归忍冬科，据 APG III
调整。落叶灌木，高 1.6 米
左右；幼枝绿褐色，后变灰
褐色，无毛。叶纸质，近圆
形或宽卵形，浅 2~4 裂，枝
条顶端的叶有时不裂。复伞
式聚伞花序生于短枝之顶，
有 5~30 朵花。花冠乳白色，
辐状。果实黄红或暗红色，
近椭圆形。

修枝荚蒾

Viburnum burejaeticum
五福花科

原归忍冬科，据 APG III 调整。落叶灌木，树皮暗灰色。有的小枝近藤状。叶纸质，粗糙，下面有毛，宽卵形至椭圆形或椭圆状倒卵形，基部钝或圆形，两侧常不等，边缘有牙齿状小锯齿。聚伞花序直径 4~5 厘米，总花梗长达 2 厘米或几无。花冠白色。果实红色，后变黑色，椭圆形至矩圆形。果核扁，矩圆形，有 2 条背沟和 3 条腹沟。

个别枝条呈藤状。

修枝荚蒾，叶的下面。

修枝荚蒾的果序。

修枝荚蒾的果实，采摘于冬季。

修枝荚蒾，植株侧视图。

接骨木

Sambucus williamsii
五福花科

    原归忍冬科，据 APG III 调整。落叶灌木，高 2~6 米；老枝淡红褐色、褐色，具明显的长椭圆形皮孔。羽状复叶有小叶 2~3 对，边缘具不整齐锯齿。花与叶同出，圆锥形聚伞花序顶生，具总花梗，花序分枝多成直角开展，有时被稀疏短柔毛，随即光滑无毛。花冠蕾时带粉红色，开后白色或淡黄色。果实红色。

在东北它还有个俗名叫马尿骚。小时候我们用较粗的接骨木茎干做水枪。接骨木的髓腔非常粗大，占据相当的空间。用细棍把髓全部顶出来，形成一个空管。将一端口用一截髓腔较细小的木塞堵紧（轴部留有一个小眼可喷水），加上活塞，再把另一端用类似的木塞堵上，一把类似针管的水枪就制作好了。

接骨木尚未展开的花序。

人参

Panax ginseng
五加科

多年生草本。主根肥大，纺锤形或圆柱形。地上茎单生，有纵纹，无毛。叶为掌状复叶，3~6 枚轮生茎顶，幼株的叶数较少。小叶片 3~5，幼株常为 3。边缘有锯齿，齿有刺尖。伞形花序单个顶生，直径约 1.5 厘米，有花 10~50 朵。总花梗较叶长。花淡黄绿色。子房 2 室，花柱 2，离生。果实扁球形，成熟后鲜红色。

就药用而言，栽培的人参就可以，而且非常便宜，大家不必过分迷信野山参。

人参，四品叶，结有果实。野生人参由于不适当利用而越来越少。人参是一种很美的植物，我们要学会欣赏它。

人参，四品叶。没病不要随便吃人参，有病了吃人参也未必管用，管用也未必要亲自采集。在野外见到人参，我们可能很想采挖。但是，也可以克制一下自己。

刺五加

Eleutherococcus senticosus
五加科

学名据 FOC。《中国植物志》视其为 *Acanthopanax senticosus*。灌木，分枝多，一、二年生的通常密生刺。刺直而细长，针状。叶有小叶5，稀3。叶柄常疏生细刺。小叶片纸质，椭圆状倒卵形或长圆形，上面粗糙，深绿色，脉上有粗毛，下面淡绿色，脉上有短柔毛，边缘有锐利重锯齿。伞形花序单个顶生。总花梗长5~7厘米，无毛。花梗长1~2厘米。花紫黄色。果实球形或卵球形，有5棱，黑色。

刺五加，叶的下面。东北常
见野菜。以前人们只吃嫩茎
和叶柄，如今全吃。已经过
度采摘，应注意保护。

无梗五加

Eleutherococcus sessiliflorus
五加科

学名据 FOC。《中国植物志》视其为 *Acanthopanax sessiliflorus*。灌木。树皮暗灰色或灰黑色，有纵裂纹和粒状裂纹。枝灰色，基本无刺。叶有小叶 3，叶柄长 5~12 厘米，无刺。小叶片纸质，倒卵形或长圆状倒卵形至长圆状披针形，两面均无毛，边缘有不整齐锯齿。头状花序紧密，球形，直径 2 厘米。总花梗长 0.5~1 厘米，密生短柔毛。花无梗。

辽东楤木

Aralia elata
五加科

别名刺脑鸦、刺嫩芽。灌木或小乔木。小枝灰棕色，疏生多数细刺。刺长 1~3 毫米，基部膨大。嫩枝上常有长达 1.5 厘米的细长直刺。叶为 2~3 羽状复叶。叶轴和羽片轴基部通常有短刺。圆锥花序，伞房状。花黄白色。果实球形，黑色。吉林省著名野菜，现在已人工栽种。

采刺嫩芽，要把握时机，不能早也不能晚。要在粗壮又不老的时候采。用手掰下茎端的嫩芽需要一点点技巧。太靠下用劲，容易被尖刺扎着手指；太向上用劲，则容易把嫩芽掰散。长在高处的刺嫩芽很难采，一般要把茎干弯曲一下，但要当心折断。折断的后果非常严重。想一想，那些尖刺砸到头顶会怎样！人工栽培的刺嫩芽一般会作适当修剪，让茎多分枝多长芽，也便于采摘。

公园内、度假区、保护区内的刺嫩芽不可以采摘。这是基本原则。如果想品尝，可到市场上购买人工栽培的，味道差不多。2017 年的价格是每 500 克大约 15~30 元不等。吃法有许多种。热水煠（zhá）一下，清水冲洗，切段青炒或凉拌。也可以切碎煎鸡蛋。有淡淡的苦味。

辽东楤木。羽状复叶。

药食同源，野菜有一定的药用价值，大致是不错的。但是不能太当真。吃野菜，感觉好吃就行了。要治病，还是看医生、吃药为好。

长在滑雪场雪道上的辽东楤木。雪道上经常发出新植株，因为阳光充足，一般长得非常好，一年就可长到1.5米高。秋季割掉后，第二年从根部还会发出新芽。

五味子

Schisandra chinensis
五味子科

原归木兰科，据 APG III 调整。落叶木质藤本，左手性。幼枝红褐色，老枝灰褐色，常起皱纹，片状剥落。叶膜质，宽椭圆形、卵形，先端急尖，基部楔形，上部边缘具疏浅锯齿。聚伞状花序。花被片粉白色或粉红色。聚合果长 1.5~8.5 厘米。小浆果红色，近球形或倒卵圆形。种子 1~2 粒，肾形。著名中药材、藤枝可做调味料。

五味子藤在东北有一特殊用途：家庭用大豆做大酱时加入，可提香。果实可泡水喝，酸甜。现在吉林省多地已经大面积栽种五味子，结实率也很高。以较低的价格购买到五味子，已是相当容易的事情。所以，不要随便采集。大青山滑雪场有许多五味子，但因在林下不见光，通常不结实。

五味子的茎具有左手性。

宽叶香蒲

Typha latifolia
香蒲科

多年生水生或沼生草本。地上茎粗壮，高 1~2.5 米。叶条形，叶片长 45~95 厘米，光滑无毛，上面扁平，下面中部以下逐渐隆起。叶鞘抱茎。花单性，雌雄同株，花序穗状。雌雄花序紧密相接。

请教了专家，这种蜘蛛是某种漏斗蛛。这种蜘蛛特别喜欢包这种"粽子"。我在北京延庆也见到类似的现象。

宽叶香蒲的叶被一种蜘蛛用来做育儿巢。蜘蛛把叶子折叠、缝合成四面体的粽子形。

红毛七

Caulophyllum robustum
小檗科

别名类叶牡丹、藏严仙、海椒七、鸡骨升麻。多年生草本，植株高达60~80厘米，簇生。根状茎粗短，多须根。茎生2叶，互生，2~3回三出复叶，下部叶具长柄；小叶卵形，全缘。圆锥花序顶生；花淡黄色。苞片3~6；萼片6，花瓣状。花瓣6，远较萼片小。根可入药。

类似名字的某药酒与此
植物没什么关系。

红毛七。早春的嫩芽。

红毛七。心皮1，子房含2
枚基生胚珠，花后子房开裂，
长出2枚球形种子。浆果，
微被白粉，熟后蓝黑色。

红毛七。叶与果序的结构。

滑雪场草地边缘的红毛七。

小花溲疏

Deutzia parviflora
绣球科

原归虎耳草科，据 APG
III 调整。灌木。老枝灰褐色
或灰色，表皮片状脱落。叶
纸质，卵形、椭圆状卵形或
卵状披针形，边缘具细锯齿，
上面疏被星状毛，下面被辐
线星状毛。伞房花序，多花。
花瓣白色。蒴果球形，直径
2~3 毫米。花期 5~6 月，果
期 8~10 月。

金灯藤

Cuscuta japonica
旋花科

别名大菟丝子、无根草、日本菟丝子。一年生寄生缠绕草本，右手性。茎较粗壮，肉质，黄色，常带紫红色瘤状斑点，无毛，多分枝，无叶。花无柄或几无柄，形成穗状花序，长达3厘米，基部常多分枝。苞片及小苞片鳞片状，卵圆形。花萼碗状，肉质。花冠钟状，淡红色或绿白色。蒴果卵圆形。

山杨

Populus davidiana
杨柳科

乔木。树皮光滑，灰绿色或灰白色，老树基部黑色粗糙。小枝圆筒形，光滑，赤褐色。芽卵形或卵圆形，无毛，微有黏质。叶三角状卵圆形或近圆形，长宽近等，先端钝尖、急尖或短渐尖，基部圆形、截形或浅心形，边缘有密波状浅齿，发叶时显红色。叶柄侧扁。花序轴有疏毛或密毛。

山杨的树干。

荷青花

Hylomecon japonica
罂粟科

　　别名鸡蛋黄花。多年生草本，具黄色液汁，疏生柔毛。茎直立，不分枝，具条纹，草质。基生叶少数，羽状全裂，裂片2~3对，宽披针状菱形、倒卵状菱形或近椭圆形，边缘具不规则的圆齿状锯齿或重锯齿，上面深绿色，下面淡绿色。茎生叶通常2，稀3。花1~2朵排列成伞房状，一般顶生。萼片卵形，花期脱落。花瓣金黄色，倒卵圆形或近圆形。

荷青花。叶的上面和下面。

许多人提醒，不要把此有毒植物与大叶芹混淆。我也照例提醒一下。其实稍加注意，它们是极其不同的。哪里不同？花、叶、味道（不要用嘴尝）都不同。

荷青花。即将开放的花苞。

早春林下丛生的荷青花。全
株有毒，根可入药。

齿瓣延胡索

Corydalis turtschaninovii
罂粟科

多年生草本，高10~30厘米。块茎圆球形。茎直立或斜伸，通常不分枝。茎生叶通常2枚，二回或近三回三出，末回小叶变异极大，全缘、深裂、篦齿分裂的都有。总状花序，具6~20花。苞片楔形，篦齿状多裂，约与花梗等长。花蓝色、白色或紫蓝色。外花瓣宽展，边缘常具浅齿，顶端下凹，具短尖。

齿瓣延胡索。外花瓣顶端下凹，具短尖。

堇叶延胡索

Corydalis fumariifolia
罂粟科

多年生草本。块茎圆球形。茎直立或上升，基部以上具1鳞片，不分枝或鳞片腋内具1分枝，上部具2~3叶。叶2~3回三出，绿色无毛，小叶多变。总状花序具5~10花。苞片宽披针形，扇形分裂。花梗纤细，直立伸展，长5~14毫米。花淡蓝色或蓝紫色。外花瓣较宽展，全缘，顶端下凹，中间无短尖。

堇叶延胡索。

珠果黄堇

Corydalis speciosa
罂粟科

　　一年生丛生草本，高
20~60 厘米。茎 1 至多条，
发自基生叶腋，具棱。基生
叶多数，莲座状。茎生叶稍
密集，下部的具柄，上部的
近无柄，二回羽状全裂。总
状花序顶生和腋生。花密集、
金黄色，蒴果明显串珠状。

春榆

Ulmus davidiana var. *japonica*
榆科

落叶乔木，高达 15 米。树皮灰色，纵裂成不规则条状，幼枝被或密或疏的柔毛，当年生枝无毛或多少被毛，萌发枝及幼树的小枝通常具向四周膨大而不规则纵裂的木栓层。叶倒卵形或倒卵状椭圆形，先端尾状渐尖或渐尖，基部歪斜，一边楔形或圆形，一边近圆形至耳状，叶面幼时有散生硬毛，后脱落无毛。翅果倒卵形或近倒卵形，无毛。

春榆。新生枝条叶的下面。

冬季在山上割柴时，一年生或二年生春榆枝条经常用作捆柴的"腰子"。方法是割下枝条，用脚踩住条梢，手握另一端，用力旋转上劲，让枝条变软。保持旋转张力，让春榆条绕柴捆一周对合，旋转拧紧，将端口别在柴中。

春榆。小枝上不规则纵裂的木栓层。

春榆。微红幼叶的下面。

裂叶榆

Ulmus laciniata
榆科

　　落叶大乔木。树皮淡灰褐色或灰色，浅纵裂，薄片状剥落。一年生枝幼时被毛，后变无毛或近无毛，二年生枝淡褐灰色或淡红褐色，小枝无木栓翅。叶倒卵形、倒三角状、倒三角状椭圆形，长7~18厘米，宽4~14厘米，先端通常3~7裂，渐尖或尾状。也有先端不裂之叶，其先端具尾状尖头，基部明显地偏斜，楔形、微圆、半心脏形或耳状。

大青山最高处山顶公园靠近"吉林ONE"一侧的一株高大裂叶榆，距地面很高的树干上寄生了槲寄生。

裂叶榆也称划道榆、花达榆，含义不明。有人说是因枝条垂地，有人说是因木材有花纹。

裂叶榆树干，上面还有一只雄性巨锯锹甲（*Dorcus titanus*）。

裂叶榆。叶的下面特写。叶
上面密生硬毛，粗糙，叶下
面被柔毛，沿叶脉较密，叶
柄极短。

单花鸢尾

Iris uniflora
鸢尾科

多年生草本。根状茎细长，斜伸，二歧分枝，节处略膨大，棕褐色。叶条形或披针形，花期叶长5~20厘米，宽0.4~1厘米，果期长可达30~45厘米。苞片2枚，等长，质硬，干膜质，黄绿色，苞片边缘略带红色，内包含有1朵花；花蓝紫色，直径4厘米。蒴果圆球形，直径1厘米左右，有6条明显的肋。像紫苞鸢尾（*Iris ruthenica*），但花葶比紫苞鸢尾要高一些，叶也更长。

单花鸢尾的花。

黄檗

Phellodendron amurense
芸香科

别名檗木、黄檗木、黄波椤树、黄伯栗、元柏、关黄柏、黄柏。乔木，成年树的树皮有厚木栓层，浅灰或灰褐色，深沟状或不规则网状开裂，内皮薄，鲜黄色，味苦，黏质。叶对生，奇数羽状复叶，叶轴及叶柄均纤细，小叶 5~13 片对生，小叶薄纸质或纸质，叶缘有细钝齿和缘毛。花序顶生。果圆球形，蓝黑色。

黄檗的树皮，有厚木栓层。
中药关黄柏就由黄檗鲜黄的
内皮加工而成。

山茄子

Brachybotrys paridiformis
紫草科

单种属植物。别名山茄秧、假王孙、人参愧子。多年生草本，具横走的根状茎。茎直立，高 30~40 厘米，不分枝，上部疏生短伏毛。茎上部叶假轮生。花序顶生，具纤细的花序轴。花序轴、花梗及花萼都有密短伏毛。花萼 5 裂至近基部。花冠紫色。东北常见野菜。

山茄子。叶的下面。注意上部叶为假轮生。

在林间，脚趟在山茄子丛中，空气中会弥漫着一种特殊的香味。

紫草科山茄子和五加科刺五加。

后记

雍正皇帝第九代孙、著名书法家启功先生1978年来到东北,写了一首诗:"闼门如镜沐晨光,想见珠申世望长。我愧中阳旧鸡犬,身来故邑似他乡?"[1]启功作为皇家后裔,一生大部分时间没有因祖先的荣耀享受任何好处,却遭受多种磨难。来到满族的发祥地,先生难免有他人难以体察的感慨。有一年我和父亲路过吉林集安台上的刘家村,也有类似的感慨:身来故邑似他乡?经营棒槌园、在地方上小有名气的"刘家"没给我父亲带来星点好处,反而因"成分高"而经历大学毕业后不给分配工作、被游街批斗、劳动改造等羞辱。当然,我们刘家没法与人家皇族相比了。不过作为普通人,故土似异乡、让人揪心的感觉也是真实不虚的。对于家乡、故人,多年在外忙碌,时间久了,难免生分了,所以要常回家看看。

按我们那一代小学写作文的常用语,我已成为"年过半百的老人"。如今我父母还住在东北,一有机会我也必开车回家看看。父母的住处才算家。对家乡的风物(于我主要是植物、饮食)也一样,要经常感受一下。"落叶归根"的说法,听多了,其实年少时是不懂其含义的。

我老家在吉林通化,我却从未认真想过要为吉林的某地编一本植物手册。严格说,也偶尔想过,因为记忆中家乡非常美,植物多极了。几十年倏忽而去,具体的物种形象仍能清晰地浮现在眼前,如蕨菜、刺嫩芽、猴腿儿、山凳子、猪牙花、山葡萄、秋子梨、东北李。也就是说,也曾想把个人印象、记忆描述出来,分享给他人。但是以前没有相机,仅靠文字说不清楚。就算有相机,在胶片时代,想拍也拍不起。另外,小时候我知道的都是土名,土名是地方性知识,很重要,但没法与外界交流。只有等我重启博物学,自学了分类学,才有可能准确地介绍家乡的宝贝植物。

一个偶然的机会,我认识了万科高级副总裁丁长峰先生。我们是校友,他本科国政系毕业,我本科地质系毕业,我们却因植物相识! 2019年北京世界园艺博览会将在北京延庆召开,万科集团在其中有一个植物馆项目,我忝列为顾问之一。2016年冬季的一天,长峰又邀我来吉林松花湖滑雪并给易居沃顿的学员讲一次博物学。没有想到长峰竟然对博物学感兴趣。这样我就到了万科松花湖滑雪度假区。

吉林松花湖,并不陌生,36年前参加全国地学夏令营时我就来过,当时在通化市一中读高二。那次夏令营影响到我高考时报考了北京大学地质学系,博物学的种子悄悄地埋下。事后想来,现在我致力于复兴博物学文化,确实与那次夏令营有关。

那次来也没爬松花湖周围的高山。这次坐在万科先进的脱挂式高速缆车吊箱里,快速上了大青山。我的博物学报告就在山顶的"吉林ONE"二楼进行。我讲完，长峰做了有趣的补充。地产界的朋友大概首次听说古老的博物学，很好奇。事后反馈，博物与他们个人小时候的某些经历真的能够产生共振。如果这些精英在未来的房地产、度假区开发中，因这一次偶然的报告而融入一丝丝博物情怀，我会倍感安慰。

那一次，除了讲课就是滑雪。我是个植物迷，滑雪当中不经意就会注意周围的植物。"眼见群芳消歇尽，何人重有惜花心"（林伯渠）。有一天，在雪道上我突然发现林缘有许多东北百合的蒴果，显然是秋季之后留下的。走进树林，见到黄心卫矛张开的蒴果、大叶柴胡的茎叶、兴安升麻的蓇葖、黄海棠的果序、钝苞一枝黄花的总苞。又发现了林生茜草和宽叶蔓乌头。这种蔓乌头很特别，其茎的手性可左可右！看着周围的白桦、硕桦、裂叶榆、胡桃楸、水曲柳、蒙古栎大树和猕猴桃属大藤子，再瞧着林下的多种枯草，我猜测这里植物非常丰富，早春的地被植物一定差不了。第二天我专程乘A索道到了大青山最高点，用长焦拍摄了山顶公园中裂叶榆树干上的槲寄生，然后慢慢从西侧雪道边走下来，只为了沿途在雪中看植物。菊科大叶风毛菊的枯枝非常多，还有最熟悉不过的蕨！我读小学时，学校规定每位学生春季都要上山采蕨菜支持国家建设。任务量大约每人6公斤，供销社收购价为每公斤0.16元。鲜嫩的蕨菜按高度分拣，捆扎起来，切除变老的叶柄下部。一层一层装入中间鼓起两边收缩的大木桶，盐渍后出口日本，为国家换取钢材。当时中国建设需要大量钢材，国内生产

量不足。我们响应国家号召，也为了多换几元钱，总是超额完成任务。换成现在，别说0.16元1公斤，涨一百倍，16元钱1公斤也不容易采到了。著名野菜大叶芹（短果茴芹）在雪地里虽然没直接看到，雪下总会有的吧？

身着滑雪服，在雪地里缓慢地移动着，思绪飘到了家乡吉林通化，回到40年前的童年。我忽然萌生了为这里编一本植物图鉴的想法。返回北京后，在微信中跟长峰提了一下，没讲太多，他说巴不得有人做呢！过了冬天，长峰又说，此项目可以启动了。后来长峰还在大青山用手机拍摄过草芍药正在开放的花。

为什么要为地图上一个具体的"点"做植物手册？了解怀特、梭罗、缪尔的人，以及知道《研究自己的乡土》的人，自然会明白其中的用意。对于植物，坦率说我是外行。我只是爱好者，我没有学过植物学。但我发现许多应该由专家做的工作却没有人来做，普通百姓和博物爱好者亟需收录本地物种的植物、动物、菌类手册。等了若干年也没有太大进展，不能再等了。于是我亲手为河北崇礼和北京延庆各编了一本植物小书《崇礼野花》和《延庆野花》，之前还为我们校园编过《燕园草木补》[2]，也积累了一点经验。它们并非高深的东西，并未填补自然科学上的空白，却实实在在满足了公众的需求。《崇礼野花》和《延庆野花》都与滑雪场有一定关系[3]，但并未锁定具体的一个雪场、一座山，而这次将十分聚焦，只盯着一座山。

为什么"死磕"滑雪场？现在必须直接交代一下。大众滑雪在中国仍属新鲜事，为迎接2022年

冬奥会，中国的雪业急速发展，雪道建设高歌猛进。这一过程也引起不少环境争议。我没有直接参与口水战，想通过实际调查，以自己的方式直接影响事情的进展。马克思讲过，"哲学家们只是用不同的方式解释世界，而问题在于改变世界"。马克思并没有否定解释世界的重要性，也没有说哲学这一职业要废弃了，那不是他的用意。在我看来，马克思的意思是，哲学工作者要关心经验世界的实际变化，要把冷静的哲学沉思与轰轰烈烈的社会变革结合起来。既要解释世界也要影响世界。相比于科学家和资本家对世界的影响，当下哲学工作者对世界的可能影响是较小的，通常也不是为了大开发而去影响，而是针对已经启动、已经造成不良影响的大开发而施加一点矫正力（通过建设性的批判），希望对世界的未来进程产生一点作用。这也大概是现代社会供养哲学工作者的唯一正当理由吧。

我喜欢雪（在雪地里玩耍、放爬犁实在是人生一大乐趣）、滑雪，也喜欢植物，关注中国的环境问题。我知道，相关事情不可能以简单的对错方式解决。在中国，滑雪业大发展是定局，不是要不要做的问题，而是怎么做的问题。保护生态环境没得说，但百姓滑雪也是一项权利，两者可以找到平衡点、妥协点，通过努力，长远看也可以做到共赢。西方国家建了那么多滑雪场，生态环境问题肯定遇到过也想办法解决了，人家肯定积累了许多经验。我的想法是，从博物学的视角切入，通过调研，以具体的批评和改进建议介入过程，取代宏观上的发牢骚和恶性攻击。建滑雪场确实会损害环境、生态，开工前要有充分的准备，要对气候、降水量、岩石、土壤、动物、植物、溪流等做细致研究，工程设计要有相当的前瞻性，比如防洪设计要有足够的冗余度。雪场建成运营后，更要实施生态补救、补偿办法，确保滑雪场生态得以恢复、变好。在环境生态问题上，从后果上看做了坏事的人和企业，也并非天生就想着干坏事，相当多是因为缺乏社会约束和不了解具体做法。我们可以通过直接参与、提前介入，让一些项目走向生态可持续之路。

能来滑雪的，在目前的中国，家庭经济条件算不错的。这类人收入高，自身行为的环境影响也大，理应有高度责任感，他们的环境意识十分关键。我对任何事都讲"人人有责"的推卸责任的做法持反对意见。即使理论上人人有责，责任性质和责任大小也不一样。我希望来滑雪的人对雪场周边的大自然多一点关注和了解，感恩大地，心怀敬意。万科松花湖度假区不仅仅提供滑雪服务，休闲度假的功能正在开发出来。通过地产项目，将来到这里旅行、度假的人会非常多。在这里也可以很自然地开展自然教育、博物旅行、科学考察、夏令营等活动。在发达国家，人们想了解周围的大自然，马上就能找到各种本地手册，鸟、兽、鱼、虫、植物、蘑菇等手册都能找得到。在中国却不行，即使在北京、成都、广州、武汉、沈阳这样的经济、文化较发达的城市和各类国家级保护区、国家公园也做不到。那类手册早早晚晚是要做的。这件事我已经呼吁多年。我做的工作也是在树明确的靶子，希望人们使用、批评、超越它，编出更好的手册。今后国家公园和旅游区的评定，应当要求提供相关的自然资源手册。目前国家 4A 级景区就有 1280 多家，各级各类自然保护区 2200 多处，有多少家调研过生物多样性状况，编写并出版了自己的自然手册？[4]

做此书还有一个动力：想趁机为家乡做点事情，我们大东北有那么多宝贝，应当向外界推介。东北将迎来新一轮大开发，希望上马的不是污染严重的重工业、采矿业。以砍树为主的老式林业更是提都别提。希望是环境破坏相对小的生态旅游、度假、有机农业类的开发。而发展旅游业首先需要改善软环境，增强服务意识。

为实地拍摄大青山的植物，一年当中，我从北京乘飞机来过两次，长途驾车从北京到这里 3 次。住过王子酒店、小白山乡的颐和苑，也住过度假区的青山公寓；吃过酒店宴会餐的高级"杀猪菜"、农家乐的"三花一岛"和野菜包子，也吃过工棚中 10 元一餐的大锅饭。其实住哪儿、吃什么对我来说都不重要，不影响巡山、拍摄就行。在松花湖度假区，有长峰的支持，一切都好办。万科的企业文化相当棒，员工对我的工作都非常配合。我还特别注意到王子酒店的一位大厨对植物很感兴趣，我在宴会厅讲博物时，他专注听讲，做记录。

在大青山，建设雪道，运营滑雪场会不会严重影响生态环境？此问题我原来也没底儿，还挺担心的。长峰没有回避问题，主动跟我提起过雪道对环境生态的可能影响，让我实地瞧一瞧。一开始我并没有当真，以为那不过是企业领导的客套话。一点一点地我知道他是认真的。企业认真了，我也得认真。一年当中，我反复上山，穿行林地、雪道、步道，除了看植物也特别注意生态状况。实地考察后发现没有原来想象得那么严

重。万科团队对生态环保理念有很好的认知和执行力，公司注重可持续发展。另外东北雨水充足，跟北京、河北很不一样，在这里只要措施到位，绿水青山会变得更美好。

2017 年吉林永吉发大水，据说是 N 年不遇，大青山这里也不同程度罹灾。事后，我综合考察了一番，结论是，问题不大。只要适当注意，这里可以打造成（保护成）生态环境一流的现代化滑雪度假区。当然，公众要持续监督。此时我稍担心的是，随着游客越来越多，游客的行为是否会对大青山的植物产生较大的负面影响？采山菜和折野花的现象现在已经显现出不好的苗头，步道上毛百合的花序经常被折断并被随意抛弃，这需要管理部门正确引导。

感谢丁长峰高级副总裁对植物考察活动的支持。感谢赵世伟研究员、周繇教授、刘冰研究员、于俊林教授、马全教授在植物学方面的具体帮助。特别是周繇、刘冰两位先生帮我鉴定了几个种，刘冰先生还仔细审核了全书。当然，全书植物学方面的任何错误都由我个人负责。感谢王俊英、张晓康、李国红（彗雪）、王钊的具体帮助。感谢李聪颖女士再次为我的书绘制植物画。感谢我爱人关雪琳多年来陪我行驶数万公里到各地看植物。感谢老朋友胡亚东、田松、吴国盛、单之蔷、刘兵、韩建民、江晓原、刘孝廷、刘晓力、刘杰、李侠对我的鼓励、支持和帮助。感谢何龙、何少华、李永平、董继平、半夏、阿来、王洪波、李元胜、刘铁飞、李潘、李芸、丘濂、于婧、李婧璇、李妍、李娜、尹传红、张为、秦大公、王彬、严莹、王康、马金双、李敏等在博

物学方面多年来对我的各种形式的帮助。

特别感谢杨虚杰女士对博物事业的持续支持。

感谢林海波先生对本书的美术设计。

2017 年 8 月 31 日

2017 年 10 月 10 日修订

注释：

[1]阀门和珠申都是满语，意思分别是镜泊湖和满族。在那个时代，他还不便把诗写得很直白，所以用了满语。

[2]这些书中也包含个别错误，已经在网络上及时更正，主要问题在此也罗列一下，避免一再误导读者：《燕园草木补》53页"大戟科"应当为"夹竹桃科"。《崇礼野花》245页"紫苞鸢尾"排错，应为"囊花鸢尾"；260页"虎耳草科"应为"蔷薇科"。《延庆野花》206页，圆圈中的小图排错，应当用同一文件夹中的透骨草图片代换。

[3]万科高级副总裁丁长峰先生为《延庆野花》撰写了封底推荐语："延庆野花是大自然经上亿年时间缓慢演化出来的、像我们一样的生命，我们欣赏它们，也应当致力于保护它们。"

[4]国家4A级景区评定标准涉及相当多要素。与自然资源相关的部分，见于国家4A级旅游景区评定标准中"旅游资源吸引力"一项，具体有5条：① 观赏游憩价值很高。②同时具有很高历史价值、文化价值、科学价值，或其中一类价值具全国意义。③有很多珍贵物种，或景观非常奇特，或有国家级资源实体。④ 资源实体体量很大，或资源类型多，或资源实体疏密度优良。⑤.资源实体完整，保持原来形态与结构。类似地，国家5A级景区评选标准中"资源吸引力"一项共计65分，具体分配如下：①观赏游憩价值（25分），观赏游憩价值很高。②历史文化科学价值（15分），同时具有极高历史价值、文化价值、科学价值，或其中一类价值具世界意义。③珍稀或奇特程度（10分），有大量珍稀物种，或景观异常奇特，或有世界级资源实体。④规模与丰度（10分），资源实体体量巨大，或基本类型数量超过40种，或资源实体疏密度优良。⑤完整性（5分），资源实体完整无缺，保持原来形态与结构。这些评级又依据什么，从哪来的？中国科学院地理科学与资源研究所、国家旅游局规划发展与财务司起草的国家标准《旅游资源分类、调查与评价》（GB/T18972—2003，2003年5月1日实施）中有"旅游资源评价赋分标准"，其中资源要素价值总分85分，具体分配如下：观赏游憩使用价值（30分），历史文化科学艺术价值（25分），珍稀奇特程度（15分），规模、丰富与几率（10分），完整性（5分）。2005年7月6日国家旅游局发布了《旅游景区质量等级评定管理办法》，景区评级分国家级和省级，只有4A和5A级算国家级。再往前追溯，相关信息为：1999年10月1日《旅游区（点）质量等级的划分与评定》（GB/T17775—1999。2003年修订为GB/T17775—2003）开始实施。1999年的标准在"旅游资源"中列了4条：① 资源品位比较突出。其观赏与游乐价值，或科学价值，或历史文化价值具有地区意义。②资源珍贵、稀少和奇特程度较高，在地区范围内属于独有或罕见景观。③资源类型较丰富，或主体类型体量较大，居地区范围内前列。④地区内知名。对该范围内游客有较强吸引力。

植物名索引

注: 只收录植物种、变种、亚种、变型的学名和俗名(包括别名),不收录属名和科名等。条目按拉丁语、汉语拼音升序排列。

本书被子植物各科亲缘关系表

（按 APG Ⅲ）

说明：每一条目中各项分别：（1）本书植物所在"目"（共31个）两位数字编号与"科"（共67个）的三位数字编号依据"修订后的 APG Ⅲ 系统"（参见刘冰等人2015年发表于《生物多样性》上的文章），（2）科名，（3）该科在本书中的页码。

03 木兰藤目
　　007 五味子科，667

05 胡椒目
　　014 马兜铃科，393

08 金粟兰目
　　028 金粟兰科，314

10 泽泻目
　　030 天南星科，603

12 薯蓣目
　　047 薯蓣科，581

14 百合目
　　054 藜芦科，373
　　057 秋水仙科，523
　　060 菝葜科，182
　　062 百合科，183

15 天门冬目
　　063 兰科，371
　　072 鸢尾科，697
　　075 石蒜科，562
　　076 天门冬科，589

20 禾本目
　　092 香蒲科，669
　　099 灯芯草科，240
　　100 莎草科，582
　　107 禾本科，259

22 毛茛目
　　110 罂粟科，680
　　114 小檗科，671
　　115 毛茛科，398

29 虎耳草目
　　127 芍药科，559
　　133 茶藨子科，213
　　134 虎耳草科，271
　　135 景天科，317

31 葡萄目
　　141 葡萄科，467

33 豆目
　　145 豆科，242

34 蔷薇目
　　148 蔷薇科，478
　　152 鼠李科，579
　　153 榆科，689
　　156 荨麻科，470

35 壳斗目
　　158 壳斗科，514
　　160 胡桃科，275
　　163 桦木科，278

37 卫矛目
　　173 卫矛科，609

39 金虎尾目
　　203 杨柳科，678

204 堇菜科，299
216 金丝桃科，312

40 牻牛儿苗目
　　217 牻牛儿苗科，397

41 桃金娘目
　　222 柳叶菜科，386

44 无患子目
　　242 无患子科，614
　　243 芸香科，699

46 锦葵目
　　253 锦葵科，301

47 十字花目
　　278 十字花科，469

49 檀香目
　　290 檀香科，586

50 石竹目
　　297 蓼科，378
　　309 石竹科，571

51 山茱萸目
　　337 绣球科，676

52 杜鹃花目
　　339 凤仙花科，258
　　349 报春花科，205
　　356 猕猴桃科，452
　　360 杜鹃花科，257

57 龙胆目
　　366 茜草科，476
　　367 龙胆科，390
　　374 紫草科，701

60 茄目
　　379 旋花科，677
　　380 茄科，520

61 唇形目
　　386 木樨科，461
　　390 车前科，219
　　395 唇形科，220
　　397 透骨草科，607
　　399 列当科，383

63 菊目
　　414 桔梗科，287
　　423 菊科，319

67 川续断目
　　428 五福花科，646
　　429 忍冬科，524

68 伞形目
　　434 五加科，658
　　436 伞形科，533

图书在版编目（CIP）数据

青山草木：万科松花湖度假区野生植物 / 刘华杰著 . —北京：中国科学
技术出版社，2018.6

ISBN 978-7-5046-7851-5

Ⅰ.①青… Ⅱ.①刘… Ⅲ.①大青山 – 野生植物 – 介绍 Ⅳ.① Q948.522.6

中国版本图书馆 CIP 数据核字 (2017) 第 311042 号

策划编辑	杨虚杰
责任编辑	汪晓雅
装帧创意	林海波
封面制图	朱　颖
手　绘	李聪颖
设计制作	犀烛书局
责任校对	凌红霞
责任印制	马宇晨

出　版	中国科学技术出版社
发　行	中国科学技术出版社发行部
地　址	北京市海淀区中关村南大街 16 号
邮　编	100081
发行电话	010-62173865
传　真	010-62173C81
网　址	http://www.cspbooks.com.cn

开　本	787mm×1092mm　1/16
字　数	130 千字
印　张	46
版　次	2018 年 6 月第 1 版
印　次	2018 年 6 月第 1 次印刷
印　刷	北京利丰雅高长城印刷有限公司

书　号	ISBN 978-7-5046-7851-5／Q·208
定　价	198.00 元

水榆花楸